广东教育学会中小学阅读研究专业委员会

推荐阅读

物理学科素养阅读丛书

丛书主编　赵长林　　　　丛书执行主编　李朝明

物理学中的常量

吕付国　著

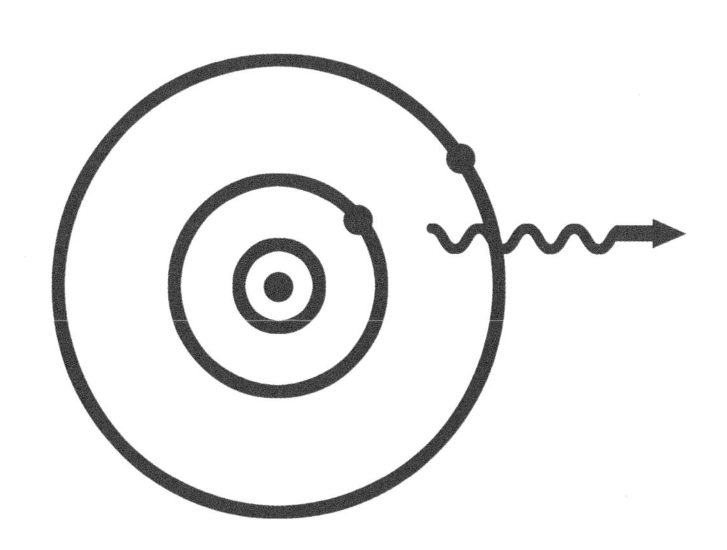

SPM 南方传媒

全国优秀出版社
全国百佳图书出版单位　广东教育出版社

·广　州·

图书在版编目（CIP）数据

物理学中的常量 / 吕付国著. —广州：广东教育出版社，2024.3

（物理学科素养阅读丛书 / 赵长林主编）

ISBN 978-7-5548-4780-0

Ⅰ.①物… Ⅱ.①吕… Ⅲ.①物理学—研究 Ⅳ.①O4

中国版本图书馆 CIP 数据核字（2021）第 271792 号

物理学中的常量

WULIXUE ZHONG DE CHANGLIANG

出 版 人：朱文清
策 划 人：李世豪 唐俊杰
责任编辑：林鸿锦 付 健
责任技编：余志军
装帧设计：陈宇丹 彭 力
责任校对：谭 曦
出版发行：广东教育出版社
（广州市环市东路472号12-15楼 邮政编码：510075）
销售热线：020-87615809
网 址：http://www.gjs.cn
E-mail：gjs-quality@nfcb.com.cn
经 销：广东新华发行集团股份有限公司
印 刷：广州市岭美文化科技有限公司
（广州市荔湾区花地大道南海南工商贸易区A幢）
规 格：787 mm × 980 mm 1/16
印 张：8.75
字 数：175千字
版 次：2024年3月第1版 2024年3月第1次印刷
定 价：39.00元

学习物理的门径

由赵长林教授担任丛书主编的“物理学科素养阅读丛书”，述及与中学物理课程密切相关的物理学中的假说、模型、基本物理量、常量、实验、思想实验、悖论与佯谬、前沿科学与技术等方面。丛书定位准确，视野开阔，既有深入的介绍分析，也有进一步的提炼、概括和提高，还从不同的视点，比如说科学哲学或逻辑学的角度进行解读，对理解物理学科的知识体系，进而形成科学的自然观和世界观，发展科学思维和探究能力，融合科学、技术和工程于一体，养成科学的态度和可持续发展的责任感有很大的帮助。丛书文字既深入严谨又通俗易懂，是一套适合学生的学科阅读读物。

丛书的第一个特点是突出了物理学的思想方法。

物理学对于人类的重大贡献之一就在于它在科学探索的过程中逐步形成了一套理性的、严谨的思想方法。在物理学的思想方法形成之前，人们不是从实际出发去认识世界，而是从主观的臆想或者神学的主张出发建立起一套唯心的理论，也不要求理论通过实践来检验。物理学推翻了这种以主观臆测和神学主张为基础的思想方法，在探究自然的过程中开展广泛而细致的观察，在观察的基础上通过理性的归纳形成物理概念，再配合以精确的测量，将物理概念加以量化，进一步探索研究量化的物理规律，形成物理学的理论体系。这种方法将抽象的、形而上的理论与具象的、形而下的实践联系起来，成为人类认识和理解自然界物质运动变化规律的有力武器。物理学的思想方法非常丰富，包含了三个不同的层次。第一是最普遍的哲学方法，如：用守恒的观点去研究物质运动的方法，追求科学定律的简约性等；第二是通用的科学研究方法，如：观察、实验、抽象、归纳、演绎等经验科学方法；第三是专门化的特殊研究方法，即物理学科的规律、知识所构成的特殊方法，如光谱分析法等。物理学方法既包括高度抽象的思辨和具象实际的观察测量，也包括海阔天空的想象。物理学家在长期的科学探索活动中，形成科学知识并且不断地改变人类认识世界的方法，从物理学基本的立场观点到对事物和现象的抽象或逻辑判断，再到一些特有的方法和技巧，这些都是人类赖以不断发展进步的途径。因此，物理学的思想方法就不仅涉及自然，还涉及人和自然的相互作用与对人本身的认识。抓住物理的思想方法，不仅有利于深入理解物理学的知识体系，还有利于形成科学的自然观和世界观，达到立德树人的目标。

丛书的第二个特点是注意引发学生的学习欲望，从而进行深度学习。

现代教育心理学研究告诉我们，在学校环境下学生的学习过程有两个特点[①]：第一，学生的学习和学生本身是不可分离的。这就是说，在具体的学习情境中，纯粹抽象的“学习”是不存在或不可能发生的，存在的只是具体某个学生的学习，如“同学甲的学习”或“同学乙的学习”。第二，学生所采取的学习策略与学习动机是两位一体的，有什么样的动机，就会采取与之相匹配的学习策略，这种匹配的“动机-策略”称为学习方式。也就是说，如果同学甲对所学的内容没有求知的欲望或不感兴趣，那他在学习时就会采取被动应付的态度和马虎了事的策略，对所学内容不求甚解、死记硬背，或根本放弃学习。相反，如果同学乙有强烈的学习欲望或对学习内容有浓厚的兴趣，他就会深入地探究所学内容的含义，理解各种有

① BIGGS J, WATKINS D. Classroom learning: educational psychology for Asian teacher [M]. Singapore: Prentice Hall, 1995.

关内容之间的关系，逐步了解和掌握相关的学习与探究的方法。第一种（同学甲）的学习方式是表层式的学习，第二种（同学乙）的学习方式是深层式的学习。此外，在东亚文化圈的学生中还大量存在着第三种学习方式——成就式的学习，即学生对学习的内容本来没有兴趣和欲望，但为学习的结果（如考试分数）带来的好处所驱动，会采取一些能够获得好成绩的策略（如努力地多做练习题）。在同一个学校、同一间课室里学习的学生，由于他们的动机和策略，也就是学习方式的不同，产生了不同的学习效果。当然，效果还与学生的元认知水平及天资有关。本丛书的作者有意识地提倡深度（深层次）的阅读，书中的大部分内容以问题为引子，用历史故事或相互矛盾的现象，引发读者的好奇，再按照物理发现的思路逐步引导读者探究问题。在这一过程中，注意点明探究和解决问题遵循的思路和方法，达到引导读者进行深度学习的目的。

丛书的第三个特点在于详细、深入、系统地介绍对启迪物理思维有重要作用的相关知识，注意通过知识培养素养。

有的人也许会问，今天的教育是以培养和发展学生的科学素养为核心，知识学习是次要的，有必要花那么多时间来学习知识吗？这种观点是片面和错误的。物理学的成就首先就表现为一个以严谨的框架组织起来的概念体系。如果对物理学的知识体系没有基本和必要的了解，就无法理解物理，无法按照科学的方法去思考和探究。确实，物理学知识浩如烟海，一个人即使穷其毕生之力也只能了解其中的一小部分，就算积累了不少物理知识，但如果不能抓住将知识组织起来的脉络和纲领，得到的也只是一些孤立的知识碎片，不能构成对物理学的整体的理解。然而，物理学的知识又是系统而严谨的。每一个概念以及概念之间的关系都有牢固的现实基础和逻辑依据，从简单到复杂，从宏观到微观，从低速到高速，步步为营，相互贯通，反映了现实世界的“真实”。物理知识是纷繁复杂的，也是简要和谐的。只要抓住了物理知识体系的纲领脉络，就能够化繁为简，找到通往知识顶峰的道路，以理解现实的世界，创造美好的未来，这也是物理学对人类的最大贡献之一。况且，物理学的思想方法是隐含在物理知识的背后，隐含在探索获取知识的过程之中的。对物理学知识一无所知，就不可能了解物理学的思想方法；不亲历知识探索的过程，就不可能掌握物理学的思想方法。学习物理知识是认识、理解、运用物理思想方法的必由之路，也是形成物理科学素养的坚实基础。因此，本丛书在介绍物理学知识中，一是介绍物理学思想方法，帮助读者构建

物理学知识体系和形成物理思维，对于培养物理学科素养很有裨益；二是扩大读者的视野，打开读者的眼界，不仅从纵向说明物理学的历史进展，介绍物理学的最新发展、物理学与技术和工程的结合，更重要的是联系科学发展的文化背景、科学与社会之间的互动与促进，认识物理学的发展在转变人的思想、行为习惯和价值观念方面的作用，体会“科学是一种在历史上起推动作用的、革命的力量”①，“把科学首先看成是历史发展的有力杠杆，看成是最高意义上的革命力量”②。

课改二十年过去了。一代又一代人躬身课程与教学研究，探寻、谋变、改革、创新交相呼应。本丛书是这段旅程的部分精彩呈现，相信一定会受到读者欢迎，在“立德树人”的教育实践中发挥它的应有之义。

高凌飚

2023年于羊城

---

① 马克思，恩格斯．马克思恩格斯全集：第19卷［M］．北京：人民出版社，1963：375.

② 马克思，恩格斯．马克思恩格斯全集：第19卷［M］．北京：人民出版社，1963：372.

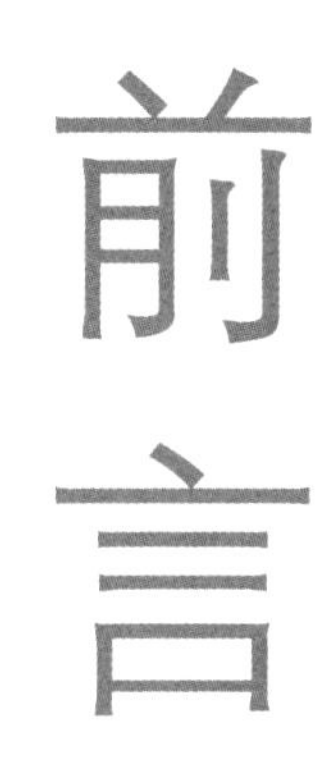

洞察物理之窗

相对于其他自然科学来说，物理学研究的内容是自然界最基本的，它是支撑其他自然科学研究和应用技术研究的基础学科。物理学进化史上的每一次重大革命，毫无疑义都给人们带来对世界认识图景的重大改变，并由此而产生新思想、新技术和新发明，不仅推动哲学和其他自然科学的发展，而且物理学本身还孕育出新的学科分支和技术门类。从历史上的诺贝尔奖统计情况来看，物理学与其他学科相比，获奖的人数占比更大，从一个侧面说明了这一点。我国新高考方案发布后，物理学科在中学的学科教学地位得以凸显，也正是应验了物理学科特殊的地位。

试举一例。

人们对物质结构的认识，最早始自古希腊时代的“原子说”，这个学说的创始人是德谟克利特和他的老师留基伯。他们都认为万物皆由大量不可分割的微

小粒子组成，“原子”之意即在于此。德谟克利特认为，这些原子具有不同的性质，也就是说，在自然界同时存在各种各样性质不同的原子。他的“原子说”虽然粗浅，但现在仍能用来解释固体、液体和气体的某些物理现象。到了17世纪，人们的认识不再囿于纯粹的思辨和假说，各种实验、发现和发明纷至沓来。1661年，英国的物理学家和化学家玻意耳在实验的基础上提出“元素”的概念，认为“组成复杂物体的最简单物质，或在分解复杂物体时所能得到的最简单物质，就是元素”。现在化学史家们把1661年作为近代化学的开始年代，因为这一年玻意耳编写的《怀疑派化学家》一书的出版对后来化学科学的发展产生了重大而深远的影响。玻意耳因此还成为化学科学的开山祖师、近代化学的奠基人。玻意耳认为物质是由各种元素组成的，这个含义与我们现在的理解是一样的。至今我们已经找到了100多种构成物质的元素，列明在化学元素周期表上。

把原子、元素概念严格区别开来，提出“原子分子学说”的是道尔顿和阿伏加德罗。道尔顿认为，同种元素的原子都是相同的。在物质发生变化时，一种原子可以和另一种原子结合。阿伏加德罗把结合后的“复合原子”称作“分子”，认为分子是组成物质的最小单元，它与物质大量存在时所具有的性质相同。

到了19世纪中叶，有关原子、元素和分子的概念已被人们普遍接受，这为进一步研究物质结构打下了坚实的基础。

19世纪末，物理学家们立足于对电学的研究，不断思考物质结构的问题。最引人注目的发现主要有：德国物理学家伦琴利用阴极射线管进行科学研究时发现X射线；法国物理学家贝可勒尔发现了天然放射性；英国物理学家汤姆孙发现了电子。这三个重大发现在前后三年时间内完成，原子的“不可分割性”从此寿终正寝，科学家的思维开始进入原子内部。

迈入20世纪后的短短几十年间，物理学家对原子结构的探索可谓精彩纷呈，质子、中子、中微子、负电子等多种粒子的发现，不仅证实了原子的组成，而且还证实了原子是能够转变的！在伴随着科学家绘制的全新原子世界图景里，能量子、光量子、物质波、波粒二象性、不确定关系等这些与物质结构联系在一起的概念已经让人们对自然世界有了颠覆性认识！

以上是从物理学家对物质结构探索这个基本方面梳理出的一个大致脉络。循着这条线索，我们能感受到物理学在自然科学研究中所产生的强大推动力。物理学研究自然界最基本的东西还有很多方面，比如时间和空间的问题等，有兴趣的读者不妨仿照以上方式进行梳理。正是物理学对自然界这些最基本问题的不

断探索所形成的自然观、世界观、方法论，引领其他自然科学的发展，对科学技术进步、生产力发展乃至整个人类文明都产生了极其深刻的影响。在这里，尤其要提到的是，以量子物理、相对论为基础的现代物理学，已经广泛渗透到各个学科和技术研究领域，成就了我们今天的生活方式。

接下来谈谈物理学的基本研究思路体系，请看图1：

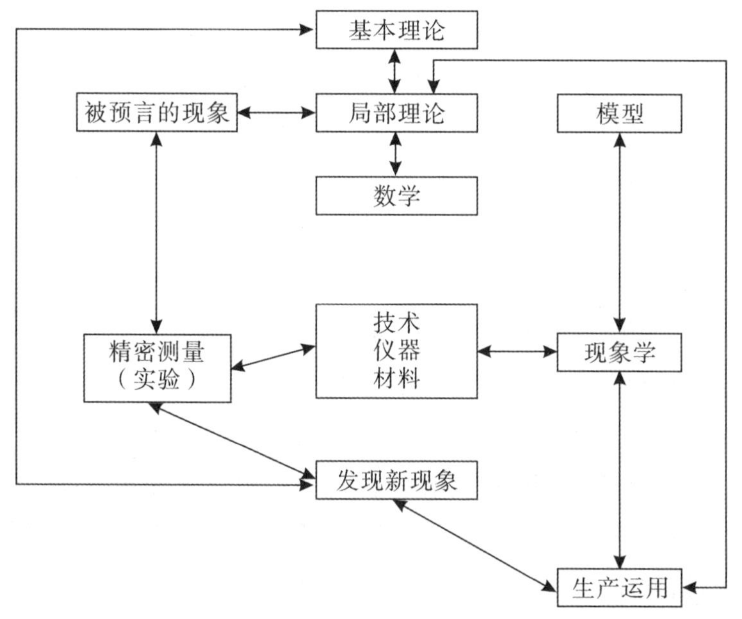

图1　物理学基本研究思路体系示意图

如果我们把这个体系看成是一个活的有机体，每个方框代表这个有机体的一个“器官”，想象一下这个有机体的生存和发展，还是很有趣的。在这个体系中，各个不同的部分互相依存，它们代表着复杂的相互作用系统，并随着时间而进化。如果切除某个“器官”，这个有机体就难以存活下去。对这种比喻性的理解，有助于我们看清物理学的基本研究思路体系的本来面目并加以重视。在理论方面，你也许会想起牛顿、麦克斯韦、爱因斯坦；在实验方面，你也许会想起伽利略、法拉第、卢瑟福；在数学方面，你也许会想起欧几里得、黎曼、希尔伯特。无论你从哪个“器官”想起谁，都会感受到这些科学家在源源不断地通过这些“器官”向这个有机体输送营养，也许未来的你也会是其中的一个。

现在，中学物理课程和教材体系基本上依照上述体系构成。为了强化对这个体系的理解，在这里有必要强调一下理论和实验（测量）的问题。二者构成物理学的基本组成部分，它们之间是对立与统一的关系。理论是在实验提供的经验材料基础上进行思维建构的结果，实验是在理论指导下，在问题的启发下，有目的地寻求验证和发现的实践活动。理论和实验发生矛盾时，就意味着物理学的进化，矛盾尖锐时，就意味着理论将有新的突破，表现为物理学的“自我革命”。一个经典的事例就是发生在20世纪之交物理学上空的“两朵乌云”［英国著名物理学家威廉·汤

姆孙（开尔文勋爵）之语］。他所说的“第一朵乌云”，主要是指迈克耳孙-莫雷实验结果和以太漂移说相矛盾；“第二朵乌云”主要是指热学中的能量均分定理在气体比热以及热辐射能谱的理论解释中得出与实验数据不相符的结果，其中尤其以黑体辐射理论出现的“紫外灾难”最为突出。正是这“两朵乌云”，导致了现代物理学的诞生。但是从物理学的发展历史来看，我们绝不可因此否认进化对物理学发展的重大意义。实际上，正是由于如第4页图中所展示出来各要素之间的相互作用，物理学才会处于进化与自我革命的辩证发展中。

上面谈及的两个方面可以说是引领你进入物理学之门的准备知识，希望因此引起你对物理学的好奇，进而学习物理的兴趣日渐浓厚。要系统掌握物理学，具备今后从事物理学研究或相关工作的关键能力和必备品格，我们必须借助物理教材。教材是非常重要的启蒙文本，它是根据国家发布的课程方案和课程标准来编制的，大的目标是促进学生全面且有个性的发展，为学生适应社会生活、职业发展和高等教育作准备，为学生的终身发展奠定基础。现在的物理教材非常注重学科核心素养的培养，主要体现在物理观念、科学思维、科学探究、科学态度与责任四个方面。在这四个方面中，科学思维直接辐射、影响着其他三个方面的习得，它是基于经验事实建构物理模型的抽象概括过程，是分析综合、推理论证等方法在科学领域的具体运用，是基于事实证据和科学推理对不同观点和结论提出质疑和批判，进行检验和修正，进而提出创造性见解的能力与品格。科学思维涉及的这几个方面在物理学家们的研究工作中也表现得淋漓尽致。麦克斯韦是经典电磁理论的集大成者。他总结了从奥斯特到法拉第的工作，以安培定律、法拉第电磁感应定律和他自己引入的位移电流模型为基础，运用类比和数学分析的方法建立起麦克斯韦方程组，预言电磁波的存在，证实光也是一种电磁波，从而把电、磁、光等现象统一起来，实现了物理学上的第二次大综合。在这里，我们引用麦克斯韦的一段原话来加以注脚和说明是合适的：

为了不用物理理论而得到物理思想，我们必须熟悉物理类比的存在。所谓物理类比，我指的是一种科学的定律与另一种科学的定律之间的部分相似性，它使得这两种科学可以互相说明。于是，所有数学科学都是建立在物理学定律与数的定律的关系上，因而精密的科学的目的，就是把自然界的问题简化为通过数的运算来确定各个量。从最普遍的类比过渡到部分类比，我们就可以在两种不同的产生光的物理理论的现象之间找到数学形式的相似性。

这几年，我和粤教版国标高中物理教材的编写与出版打起了交道。在工作中深感教材编写工作责任重大，在教材中落实好学科核心素养并不是一件容易的事情。作为编写者，必须对物理学的世界图景独具慧眼，尽可能做到让学生“窥一斑而知全豹，处一隅而观全局”，还要有“众里寻他千百度，蓦然回首，那人却在灯火阑珊处”的感悟。渐渐地，我心中萌生起以物理教材为支点，为学生编写一套物理学科素养阅读丛书的想法。经过与我的同门学友、德州学院校长赵长林教授充分探讨后，我们将选材视角放在了物理教材涉及的比较重要的关键词上——七个基本物理量、假说、模型、实验、思想实验、常量、悖论与佯谬、前沿科学与技术，试图通过物理学的这些“窗口”让学生跟随物理学家们的足迹，领略物理学的风景，从历史与发展的角度去追寻物理学科核心素养的源泉。这些想法很快得到了来自高校的年轻学者和中学一线名师的积极呼应，他们纷纷表示，这是一个对当前中学物理学科教学“功德无量”的出版工程，非常值得去做，而且要做到最好。令我感动的是，自愿参加这个项目写作的作者经常在工作之余和我探讨写作方案，数易其稿，遇到困惑时还买来各种书籍学习参考。最值得我高兴的是，赵长林教授欣然应允我的邀约，担任丛书主编，在学术上为本丛书把脉。在本丛书即将付梓之时，我代表丛书主编对这个编写团队中相识的和还未曾谋面的各位作者表示衷心的感谢，对大家的辛勤劳动和付出致以崇高的敬意！

本丛书的出版得到了广东教育学会中小学生阅读研究专业委员会和广东省中学物理教师们的大力支持，在此一并致谢！

李朝明

2023年11月

目录

1 真空中的光速

$c = 2.99792458 \times 10^8$ m/s

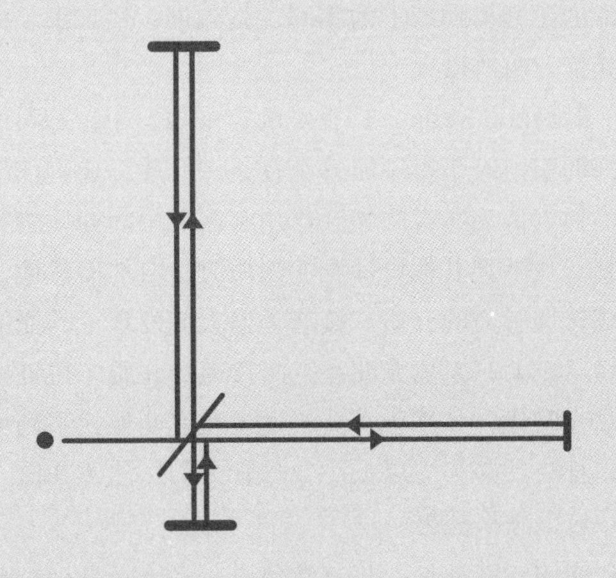

狭义相对论很好地表现了理论科学现代发展的基本特征。最初的假设一如既往地变得更加抽象和远离经验。而且，它更靠近一切科学的宏伟目标：从尽可能少的假设或公理出发，用逻辑推论去涵盖尽可能多的经验事实。

——爱因斯坦

1.1 “以太”

对于组成世界的物质，古希腊的哲学家们进行了持续的讨论，他们认为世界是由土、气、水、火组成的。柏拉图用朴素的唯物主义将火元素的热烈向上对应形状尖锐突起的正四面体，将土元素的无限堆砌对应方方正正的正六面体，将气元素的无处不在对应八面玲珑的正八面体，将水元素的润泽无形对应滑溜多样的正十二面体。柏拉图的学生亚里士多德认为组成天体的元素与地球上的不同，是除土、气、水、火以外的第五种元素，叫“以太”。

时经2000多年，17世纪的笛卡尔、牛顿等科学家研究物体之间的引力时不得不回答是什么“介质”让物体能相互作用，因为他们认为所有的相互作用都需要中间介质进行传递。在想不到、找不到其他可探测的物质时，自然而然地，“以太”被当成传递引力的介质。接着，当人们发现了“光的波动性”时又将“以太”当成光波在空间传递的介质。17世纪是“以太”的高光时代，几乎所有新的发现和发明在找不到承载对象的时候，都将其归为“以太”，尽管人们仍然不知道“以太”是什么、应该怎么捕捉。

光的“波动说”与“微粒说”之争，直接影响着“以太”

的地位。“微粒说”认为光是一种微粒，不需要传播介质；“波动说”则认为光是一束波，需要传播介质。当“微粒说”占据上风时，“以太”没落；当“波动说”占据上风时，“以太”辉煌。光的直线传播、光的折射、光的反射、光电效应、康普顿效应等现象直指光具有“微粒性”，光的干涉、光的衍射、光的偏振等现象却表明光类似于水，具有“波动性”。坚信“微粒说”的牛顿派用“微粒说”理论解释不了光的干涉、衍射、偏振现象，坚信“波动说”的胡克派用“波动说”理论也没法将光的直线传播、折射、反射现象说清楚。

1825年前后，T.杨和A.菲涅耳用波动理论解释了光的直线传播和折射现象，甚至可以将“牛顿环”“衍射图样”提前预判，显示出波动理论的强大威力，如此一来“以太”又需充当重要角色。

科学家们对“以太”产生了复杂的心理——不相信它的存在相当于推翻了已有科学体系中的认知基础，相信它的存在却也没办法证实它的踪迹。

1.2　电磁波

1894年，20岁的马可尼在杂志上看到了赫兹发现电磁波的论文，他敏感地意识到电磁波可用来通信，他在赫兹实验的基础上对实验仪器进行了改造。他将赫兹的火花放电释放高频电磁波改为由自感线圈和天线组成的开放电路，将随机性的电磁波传播变成“同频共振”的可调可换的多频道模式，还将信号发射器安装在高大的塔上，诸多的设备、技术的改良让马可尼的无线电报信号传播距离逐渐扩大，室内短距、室外2.8公

里、跨海通信均一一实验成功。经过马可尼及其追随者的大力宣传，他的无线电报技术开始应用于远洋航海、紧急救援、军事指挥、新闻媒体……

至于无线电报信号能在空中直接传播，是不是“以太”的作用，马可尼本人也不知道。

经历近300年的持续争论，直到20世纪20年代科学家才最终确定光具有波粒二象性。光有对应的波长和频率，光子有确定的动量和能量，是“经典力学”与“量子力学”双重身份的矛盾统一体；光在传播过程中波动现象显著，光在与物质发生作用时粒子现象显著；光子数量多时更易显示波动性，光子数量少时粒子性表现更强一些；跟水波一样，波长越长的光，其干涉、衍射现象越显著。

与此同时，电磁理论也迅速崛起。

1820年奥斯特发现电流的磁效应揭开了电磁学发展的序幕。奥斯特认为：通电导线可以让小磁针的指向发生偏转，说明通电导线周围存在磁场。安培对奥斯特的发现表现出异乎寻常的敏感，他用一周的时间系统地将通电直导线、通电环形导线、通电螺线管产生的磁场进行对比和分类，提出了描述电流方向与小磁针偏转方向之间关系的“安培右手螺旋定则”。在此基础上，安培得出了“两根平行导线，电流方向相反时相互排斥，电流方向相同时相互吸引”的结论。

安培还提出了“分子电流”假说：铁棒内有大量原子，每个原子都是电子绕着原子核转动，电子绕核运动可形成环形电流——分子电流，而分子电流可以看成小磁体。未磁化的铁棒内大量分子电流的电流方向是杂乱无章的，互相抵消，所以整体对外无磁性。当铁棒受外磁场作用时，分子电流的取向和排列趋于一致，分子电流两端显现的磁极排布也趋向一致，所以整体对外显磁性。磁体在高温或猛烈撞击情况下会失去磁性，是因为外界的干扰会破坏分子电流的取向和排列，导致铁棒的磁性消失。

毕奥和萨伐尔发现通电电流产生的磁场强弱与电流的强弱成正比，与电流到场点的距离平方成反比。法拉第电磁感应定律、楞次定律、亨利自感现象、麦克斯韦方程组、赫兹发现电磁波……短短的六十多年时间，电磁理论得到极大的发展和完善。

电场、磁场可分别用电场线、磁感线来描述，虽然电场线和磁感线并非真实存在，但它们用于描述场的强弱和方向，却非常形象生动，也方便人们理解，越来越多的科学家将场线这种理想化的模型纳入各种正式场合进行深入论述和使用。其中，电场线是单向线，有起有终，而磁感线是闭合线，无起无终，两种不同的线型其实表明了静电场是一个有源场，静磁场是一个无源场。

想象一个场景：孤立正电荷q产生的电场中，以该电荷为球心，以半径r在空间建立一个球面，球面上任一点的电场强度为

$$E=\frac{q}{4\pi\varepsilon_0 r^2}$$

其中ε_0为真空介电常数，电场强度的方向由圆心沿半径向外。电场强度E与垂直通过电场线的面积S的乘，称为穿过此平面的电通量，用符号“Φ_e”表示。

该正电荷在球面上的电通量为

$$\mathrm{d}\Phi_e=\boldsymbol{E}\cdot\mathrm{d}\boldsymbol{S}$$

两边取积分，可得整个球面的电通量

$$\Phi_e = \oint_S \boldsymbol{E} \cdot \mathrm{d}\boldsymbol{S} = \frac{q}{4\pi\varepsilon_0 r^2}\oint_S \mathrm{d}S = \frac{q}{4\pi\varepsilon_0 r^2} \cdot 4\pi r^2 = \frac{q}{\varepsilon_0}$$

公式的结果告诉我们：闭合曲面的电通量与曲面包含的电荷量成正比。

从孤立点电荷模型入手，我们得到以它为球心的球面上电通量与球内包含的电荷量成正比。

用一种简单且规则的模型证明一个结论，是不严谨的。但取场强与面积乘积来引入“通量”的做法，对电场中“点电荷的任意闭合曲面”“点电荷在任意曲面外”“多个点电荷的系统”均适用，所得结论均经得住实验现象和实践延伸的考验。

麦克斯韦方程组系统阐述了电场、磁场的基本性质，将电场和磁场归为一个整体，是对电磁场统一、简明、完美的描述。

麦克斯韦方程组积分形式

$$\oint_S \boldsymbol{E} \cdot \mathrm{d}\boldsymbol{S} = \frac{1}{\varepsilon_0} Q_{\mathrm{enc}}$$

$$\oint_S \boldsymbol{B} \cdot \mathrm{d}\boldsymbol{S} = 0$$

$$\oint_L \boldsymbol{E} \cdot \mathrm{d}\boldsymbol{l} = -\frac{\mathrm{d}}{\mathrm{d}t}\int_S \boldsymbol{B} \cdot \mathrm{d}\boldsymbol{S}$$

$$\oint_L \boldsymbol{B} \cdot \mathrm{d}\boldsymbol{l} = \mu_0\left(I_{\mathrm{enc}} + \varepsilon_0 \frac{\mathrm{d}}{\mathrm{d}t}\int_S \boldsymbol{E} \cdot \mathrm{d}\boldsymbol{S}\right)$$

以上四个积分形式的方程暂时看不太懂也不要紧，以下是它们的大致意思：

第一个方程是描述电场，核心有两点，一是电场是有源场，有起有止；二是场源的电场通量（电场线条数）正比于场源的电荷量。

第二个方程是描述磁场，核心也有两点，一是磁场是无源场，无头无尾；二是磁源N极、S极总同时存在，封闭曲面内的磁感线有出必有进，磁通量始终为零。

第三个方程是法拉第电磁感应定律的数学表达式，即变化磁场产生电场，“负号”表示楞次定律中的“阻碍作用”。

第四个方程是安培-麦克斯韦定律的数学表达式，即通电导线和变化电场产生磁场。

对于无限长通电直导线周围的磁场：

$$B = \frac{\mu_0 I}{2\pi x}$$

其中x为空间某位置到直导线的垂直距离，I为直导线内电流大小。

对于圆形通电导线中轴上的磁场：

$$B = \frac{\mu_0 I R^2}{2\left(x^2 + R^2\right)^{\frac{3}{2}}}$$

其中x为圆形电流中轴线上某位置与导线圆心间距离，I为电流大小，R为圆形电流半径。

对于无限长通电螺旋管内的磁场：

$$B=\mu_0 nI$$

其中n为螺旋管上通电导线的匝数，I为电流大小。

其他类型电流周围的磁场分布均可通过毕奥-萨伐尔定律进行推导。

不难看出，以上公式中均出现了两个常量——真空磁导率μ_0和真空介电常数ε_0。

真空磁导率μ_0是计算两根无限长通电导线之间相互作用

力时为建立力与电流、距离之间的等式关系所需要的“填补项”，其数值为$\mu_0=4\pi\times10^{-7}\ \mathrm{N\cdot A^{-2}}$。

真空介电常数ε_0是计算电荷之间相互作用力时为建立力与电荷量、距离平方之间的等式关系所需要的“填补项”，其数值为$\varepsilon_0=8.85\times10^{-12}\ \mathrm{F\cdot m^{-1}}$，其与静电力常量$k$有如下关系：

$$k=\frac{1}{4\pi\varepsilon_0}$$

麦克斯韦利用数学变换将变化磁场产生电场和变化电场产生磁场的方程改写成三维空间的微分形式为：

$$\nabla^2 E=\mu_0\varepsilon_0\frac{\partial^2 E}{\partial t^2}$$

$$\nabla^2 B=\mu_0\varepsilon_0\frac{\partial^2 B}{\partial t^2}$$

这与经典波动方程三维空间的微分形式一模一样：

$$\nabla^2 f=\frac{1}{v^2}\cdot\frac{\partial^2 f}{\partial t^2}$$

根据对应关系可得

$$\frac{1}{v^2}=\mu_0\varepsilon_0$$

$$v=\frac{1}{\sqrt{\mu_0\varepsilon_0}}$$

将$\mu_0=4\pi\times10^{-7}\ \mathrm{N\cdot A^{-2}}$、$\varepsilon_0=8.85\times10^{-12}\ \mathrm{F\cdot m^{-1}}$代入式中求得

$$v=2.9979\times10^8\ \mathrm{m/s}$$

由此得到的电磁波传播速度与当时已知的光速数值非常接近，麦克斯韦大胆地预测：光是一种电磁波。

1887年，赫兹在实验室里发现了电磁波的真实存在，也验

证了麦克斯韦这一预测。

由波长、频率、波速之间的关系，电磁波满足

$$\lambda \cdot \nu = c$$

电磁波的传播速度与光速相等，如果光速是不变的，则电磁波传播速度也是不变的。既然不变，那么就与空间介质没有关系，电磁波就不需“以太”进行传播，或者说“以太”根本就不存在!

1.3 光速测量

亚里士多德认为，光是从眼睛中发射出来的，我们只要睁开眼就能立刻看到身前景物，那么光速一定是无限大的。

伽利略不认为光速是无限的。他选择两座山峰、两盏油灯和两个钟摆试图测量光速。测量原理和过程并不复杂，即利用两座山峰间的距离和灯开启与关闭的时间差测算光的速度，但伽利略并没有成功获得灯光在两座山峰之间传递的时间差，因为他没有想到光速的数值大到肉眼无法觉察到灯开启与关闭的时间差，毕竟以1英里（约1.61千米）的距离来测算，光的传播只需用时11微秒。

1676年，罗默测量光速的方法就高级很多，他是天文学家，知晓诸多天体运行的规律，所以观测范围尺度比一般人要大得多。

地球轨道在太阳与木星之间，木卫一绕木星公转，当木卫一绕到木星背后时，从地球上观测会出现木卫一的“星食”现象。

根据行星运行规律，地球距离木星最近（地球处于太阳与

木星之间）和最远（太阳在地球与木星之间）时均能见到木卫一“星食”现象。地球距离木星最近时木卫一“星食”现象比用公转周期预测的“规定时间”提前约11分钟出现，而当地球距离木星最远时木卫一“星食”现象又比“规定时间”晚11分钟出现。

罗默认为这两个“11分钟”是太阳光到达地球所需的时间，由地球与太阳间距离r，即可求得光速大小：

$$c=\frac{r}{t}=\frac{1.5\times10^{11}\ \mathrm{m}}{11\times60\ \mathrm{s}}=2.27\times10^{8}\ \mathrm{m/s}$$

虽然罗默的测量结果与目前已知的光速数值相差较大，但能首次明确光速不是无限大的，显然具有特殊而重要的意义。

1849年，斐索在实验室里面设计出“旋转齿轮法”来测定光速，测量原理如下图所示。

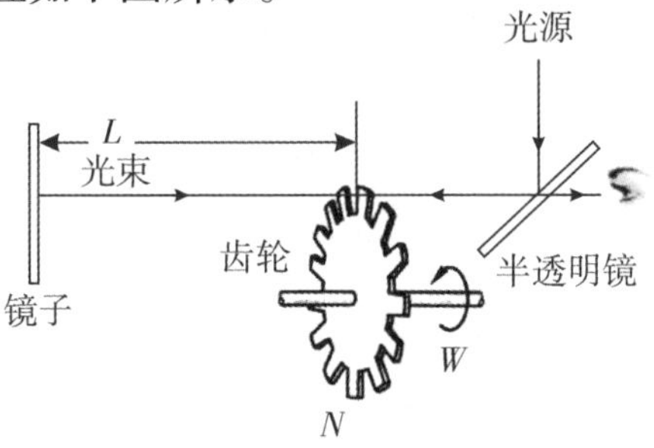

图1-1 “旋转齿轮法”测光速原理图

实验中用到了半透明镜，它既可将光源的光传播到镜子，又能让眼睛看到从前面镜子反射回来的光。整个实验中最关键的仪器是齿轮盘，齿轮盘上的缝隙刚好在光线行进的路径上。齿轮旋转时，镜子反射的光可能从齿轮缝隙传到观察者眼中，也有可能被齿轮上的齿挡住。在实际操作时，镜子的位置距离齿轮、半透明镜和观察者非常远，斐索当年设置的距离为8千米，齿轮盘的齿数为720个。

光在齿轮与镜子之间的传播时间是 $t=\frac{2L}{c}$ ；若齿数为N，则每个齿对应的弧度值 $\theta=\frac{2\pi}{N}$ 。光在齿轮与镜子之间往返一次的时间内，如果齿轮盘转过了n个齿，返回的光可以从缝隙间穿过，即观察者可以看到返回的光；如果齿轮盘转过了$\left(n+\frac{1}{2}\right)$个齿，光会反射到齿上，观察者就看不到返回的光。

假设观察者某次完全看不到反光时齿轮盘转动的角速度为ω_1，则有以下关系：

$$\frac{2L}{c}\cdot\omega_1=\left(n+\frac{1}{2}\right)\frac{2\pi}{N}$$

缓慢调大齿轮盘的转速，当观察者再次看不到反光现象时，齿轮盘转动的角速度为ω_2，此时有

$$\frac{2L}{c}\cdot\omega_2=\left(n+1+\frac{1}{2}\right)\frac{2\pi}{N}$$

两式相减，得到

$$\frac{2L}{c}\cdot\Delta\omega=\frac{2\pi}{N}$$

代入距离L、角速度差$\Delta\omega$及齿轮数N，即可求得光速$c=3.13\times10^8$ m/s。

1923年，在斐索实验原理的基础上，迈克耳孙设计了“旋转棱镜法”对光速进行重新测量。

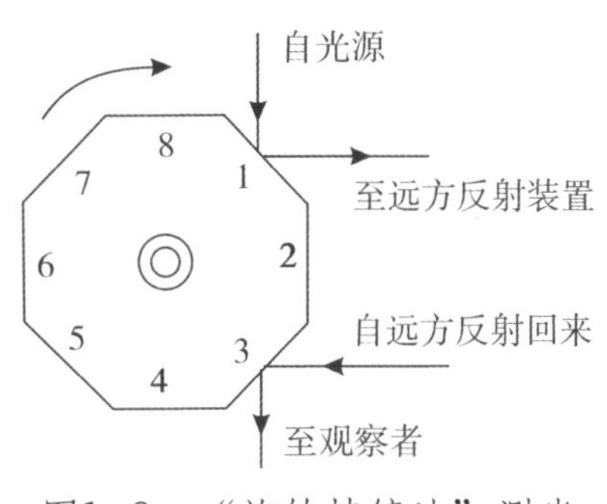

图1-2 “旋转棱镜法”测光速原理图

他的实验设计和伽利略的

实验很像，用到了两座山峰，强光源、正八面棱镜在其中一座山峰，反射镜在另一座山峰。

正八面棱镜第“1”“3”“5”“7”面镜与平直光线间夹角为45°，反射光与入射光互相垂直。当棱镜静止不动，光从棱镜第“1”面镜传至远方后可又平行传回到第“3”面镜，从而进入观测者的眼中。

若缓慢转动棱镜，光与镜面间的夹角会发生变化。如果调节棱镜转动的速度，使光线从镜面“1”到远方反射镜再传回棱镜的时间内，棱镜刚好转过八分之一圈，即第“2”面镜转到第“3”面镜的原位置，则可使光线恰好传到观察者处。

设两座山峰间的距离为L，棱镜转动的转速为n，则有

$$\frac{2L}{c}\cdot 2\pi n=\frac{1}{8}\cdot 2\pi$$

得到

$$c=16nL$$

迈克耳孙通过旋转棱镜法测算出的光速c数值为299796000 m/s，与1973年国际科技数据委员会规定的光速数值299792458 m/s已经非常接近了。

1.4　光速不变

经过几百年的探索，人们终于明确，光速可测，它不是无限的。

根据伽利略的相对性原理，确定速度方向和大小要选定参照系，并遵循矢量法则。例如：假设高铁列车相对于地面的速度是 85 m/s，当人在列车上以相对车厢 5 m/s的速度与列车同向行进时，人相对于地面的速度就是 90 m/s。那么光呢？在行驶

的列车上，沿着列车行驶方向向前发出一束光，从地面上看，这束光的速度是否等于车速和光速的代数和？

用麦克斯韦方程组能推导出光速不变，因为光速是由真空介电常数 ε_0和真空磁导率 μ_0这两个常数决定的，当然也不会因为参考系的变化而变化，但这与作为牛顿力学理论支撑体系之一的伽利略相对性原理是矛盾的。

事情难办，人们又想到“以太”了，想用“以太”将解决不了的问题遮盖起来。有些科学家索性直接正面认为“以太”就是光传播的真正介质。

地球绕太阳公转的速度约30 km/s，达到光速的万分之一，不至于微弱到可以忽略的程度，地球在绝对静止的“以太”介质空间中穿行，必然会有迎面而来的一股“以太风”，可能人感知不到，但它一定存在。

因为有“以太风”，一束光“逆风”传播时速度会变慢，“顺风”传播时速度会变快，光在某一特定距离内的传播时间会发生改变，通过实验应能探测到这种改变。

好在迈克耳孙–莫雷实验让真相大白。

图1–3 迈克耳孙

图1–4 莫雷

迈克耳孙和莫雷让同一束光由分光镜分成两束光，假设一束平行于“以太风”，另一束垂直于“以太风”，两束光频率相同，相遇会产生干涉现象。

如图1-5，分光镜至反光镜M_1方位平行于地球公转运行方向，分光镜至反光镜M_2方位则与之垂直。反光镜M_1、M_2与分光镜距离均为d，以地球为参考系，“以太风”方向与地球公转运行速度v相反。沿着M_1方向的速度叠加为$c+v$、$c-v$，沿着M_2方向的速度为$\sqrt{c^2 - v^2}$。

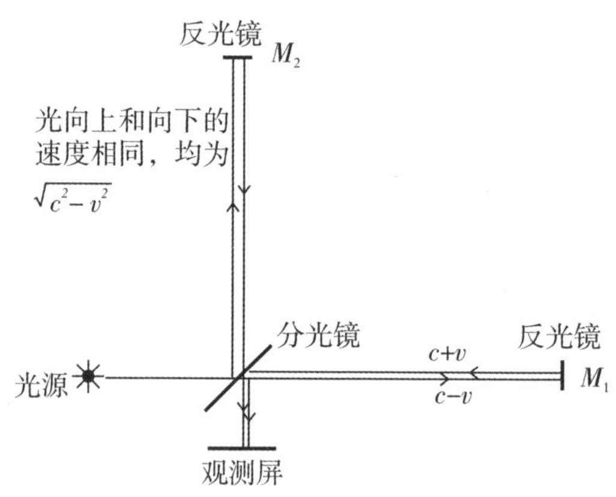

图1-5　迈克耳孙-莫雷实验原理图

光束1往返于分光镜与M_1的时间为t_1，则

$$t_1 = \frac{d}{c+v} + \frac{d}{c-v}$$

光束2往返于分光镜与M_2的时间为t_2，则

$$t_2 = \frac{2d}{\sqrt{c^2 - v^2}}$$

两束光到达的光程差ΔL满足以下条件时就会出现明、暗条纹，即

$$\Delta L = c(t_1 - t_2) = n\lambda$$

或

$$\Delta L = c(t_1 - t_2) = \left(n + \frac{1}{2}\right)\lambda$$

在两束光相遇产生明、暗干涉条纹的情况下，将实验平台整体旋转90°，光束1和光束2分别到达观测屏的时间刚好互换，光程差变为$-\Delta L$，两次光程差的改变量为$2\Delta L$，观测屏上明、暗条纹位置将会移动。根据当时实验现场的各项测量数据，观测屏上明、暗条纹将会整体移动0.37个单位距离。

但实验结果显示，无论怎么调整角度和精度，干涉条纹都丝毫不动。不同的科学家，使用不同的实验方法、不同的处理模式，都没有出现明、暗条纹偏移的实验结果。

实验结论：光速不变，“以太”不存在。

1.5 光速为什么不变

迈克耳孙–莫雷实验引起了学术界的震动，也为爱因斯坦创立狭义相对论铺平了道路。

图1–6 爱因斯坦

根据经典物理学的相对性原理，绝对静止和绝对运动是不存在的，任何参考系都是平等的，任何匀速运动的车内均无法确定速度大小和方向，速度相加遵循矢量法则……爱因斯坦将相对性原理和光速不变确定为其解释世界的两大基石，但它们之间显然有激烈的矛盾——假如两束光束分别以$0.8c$和$0.7c$在空间相向相遇，按照相对性原理中的叠加规则，一束光相对于另外一束光的速度

会是1.5c。

同样让他觉得难以解释的还有“双子佯谬”。一对双胞胎中的A以接近光速的速度远离地球去进行宇宙旅行，而B留在地球上。按照爱因斯坦的观点，以接近光速运动的A时间过得极其缓慢，当A以他经历的两年时间返回地球时，发现B已经度过二十年时光了。而根据参考系平等的思想，A可认为自己不动，B以接近光速的速度在远离他，那么应该是B的两年与A的二十年对应。到底谁比谁更老一些？爱因斯坦又犯难了。

可见光速不变与相对性原理中必有一个有问题。爱因斯坦选择了后者，他预判需要一种更高层次的理论来化解这对矛盾。

于是，爱因斯坦将光速不变凌驾于一切法则之上，所有他以为的“不合理”必须在光速不变的前提下去寻找存在的理由。

爱因斯坦将空间与时间放在一起考虑，他认为空间和时间是不可分割的。我们知道，二维空间是一个平面，设定一个XOY坐标系，一个物体在这个二维平面内移动1米，如果它沿着X轴方向移动1米，那么在Y轴方向就没有发生移动，同样的如果它沿着Y轴方向移动1米，那么在X轴方向上就没有发生移动。而三维空间是立体的，坐标系增加了一个Z轴，给定一个移动总量，X、Y、Z轴上对应的分配同样遵守“你多我少”或“你有我无”规则。现在将时间作为第四维，与空间三维共存，任何物体的运动不只是在空间之内，其运动影响着时间的流逝。时间与空间在相互关联上也满足矢量法则，如物体在空间上没有移动，那么它就只存在时间上的移动（时间流逝），以人为例就是逐渐变老，如双胞胎中的B。相反，物体如果在空间上移动得特别快，那么它在时间上就移动得特别慢，如双胞胎中的A。所以A的时间过得比B的缓慢得多，最终A从宇宙旅行回来时，见到的B一定比自己老许多。

与爱因斯坦一起研究光速不变的还有洛伦兹。当爱因斯坦反复思考如何调整相对性原理时，洛伦兹利用光速影响着时间的理念，将经典物理学中的伽利略变换升级为洛伦兹变换，两种变换所包含的内容是一样的，均涉及三维空间的速度变换和时间定义，不过伽利略变换中的空间和时间是割裂、彼此独立的，而洛伦兹变换中的空间和时间是紧密联系的。

$$\text{伽利略变换}\begin{cases} x' = x - vt \\ y' = y \\ z' = z \\ t' = t \end{cases}$$

$$\text{洛伦兹变换}\begin{cases} x' = \dfrac{1}{\sqrt{1 - \dfrac{v^2}{c^2}}}(x - vt) \\ y' = y \\ z' = z \\ t' = \dfrac{1}{\sqrt{1 - \dfrac{v^2}{c^2}}}\left(t - \dfrac{vx}{c^2}\right) \end{cases}$$

由此，爱因斯坦狭义相对论的两大基石——相对性原理和光速不变就可以互相融合，互洽一致了，只是现在的相对性原理已不是经典物理学中的伽利略变换，而是满足运动、参考系、时间、光速内在关联的洛伦兹变换。

由狭义相对论可知，质量、长度、时间均与速度相关，当

物体运动的速度低时，相对论理论可转化为经典物理学，而物体运动的速度高时则对应相对论所描述的现象。有

$$m = \frac{m_0}{\sqrt{1 - \frac{v^2}{c^2}}}$$

m_0是物体静止时的质量，v为物体运动速度。物体速度越大，其质量将随之增大，若物体速度接近光速，由公式可知，它的质量将趋于无穷大。

在相对论中，光速，不是被测量的，而是被定义的。

1.6 光速的非凡意义

光速不变原理及其常量数值的确定具有非凡的意义。光速是测量距离和时间的基础，是我们了解宇宙演化和结构的重要手段，对我们理解宇宙的本质和演化有着深远的意义和影响。

首先，光速使我们对宇宙空间大小的确定有了一个确切的描述方式。在天文学中，光年是一个用于测量宇宙范围内距离的单位，它表示光在宇宙真空中沿直线经过一年时间所传播的距离，1光年等9.4607×10^{12} km。通过测量光从星际空间穿越到地球所需的时间，科学家可以计算出星际物体距离地球的准确距离。

光速还帮助人类对长度量度的标准做出了最精准的定义。“米”是国际单位制中表示长度的基本单位，米的最初定义是由1791年法国国民代表大会确定的，当时确定了1米等于地球子午线1/4长度的一千万分之一，并在1799年根据度量子午线弧长的结果用铂制成了作为长度基准的米原器。随后米原器经过数次改进，但最终由于其既不方便又不准确，在1960年召开的第11届国际计量大会上被废除。随着真空中光速的值成为固定不变的常数，1975年第15届国际计量大会提出，米的定义可以通过光速表示，并认为光速值保持不变对天文学和大地测量具有重要意义。1983年第17届国际计量大会将米定义为光在真空中，在1/299792458秒时间间隔内所行进路径的长度。

其次，基于光速的稳定性，科学家可以使用脉冲星作为计时标准，推测出地球和太阳系的精确位置，进行空间卫星的自主导航，为我们的深空探寻提供了明确的方向。

脉冲星是一种中子星，其自转具有高度稳定性，被誉为自然界最稳定的天文时钟。宇宙深空的定位需要参照物，脉冲星可发射特定频率和强度稳定的信号波，射电望远镜可通过捕捉不同脉冲星的信号特性来确定其在宇宙空间的位置。被誉为“中国天眼”的我国500米口径球面射电望远镜（FAST）目前已发现800余颗新脉冲星，为我们研究宇宙大尺度物理学、探索宇宙起源和演化提供了极具意义的资料和证据。

最后，光速不变原理的提出奠定了新时空观的理论基础。爱因斯坦将洛伦兹变换和光速不变原理作为狭义相对论的基础，把时间和空间紧密地联系在一起，颠覆了人们心目中时间、空间彼此独立和割裂的传统观念，在根本上解决了以前物理学只限于惯性系数的问题，从逻辑上给出了合理的安排，提出了科学而系统的时空观和物质观，从而使物理学在逻辑上成为完美的科学体系。

2 引力常量

$G=6.67430\times10^{-11}\mathrm{m}^3\cdot\mathrm{kg}^{-1}\cdot\mathrm{s}^{-2}$

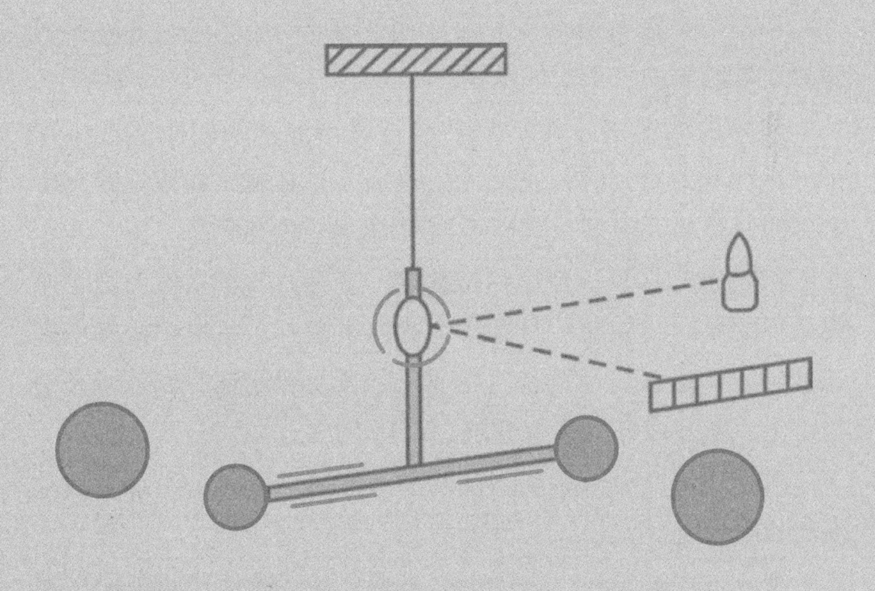

自然与自然法则，都隐藏在黑暗之中。
上帝说："让牛顿来吧！"
于是一切豁然开朗。

——牛顿墓志铭

2.1 日心说的确立

在哥白尼生活的年代，天文学的基本理论是托勒密的地球中心论，其被教会视为权威学说，谁都不能怀疑和否定。

哥白尼认为托勒密学说是"一种偏见"，没有完全否定，也没有肯定。哥白尼提出：人们之所以每天能看到太阳如此有规律地东升西落，月亮也总是从东向西运动，其实是人们视觉上的一种假象，运动的描述是需要确定参考系的。

哥白尼发现，如果按照托勒密复杂的"本轮均轮体系"，会出现"月亮在上弦月和下弦月时离地球的距离是月亮在满月时离地球距离的一半"的结论。

如果出现上弦月和下弦月时月亮与地球间的距离近了一半，从地球上看到的月亮就应该特别大，必须比在原来距离上看到的月亮要大得多，这显然与人们的观感相矛盾。

1497年3月9日，占星师推算这一晚弦月与毕宿五（金牛座中最亮的星）会相遇，月亮将会遮挡毕宿五。将根据托勒密理论推导的毕宿五被月亮遮挡的理论时长与观测到的实际时长进行对比，孰是孰非，将有分晓。

当晚，哥白尼带着观测仪器登上博洛尼亚的圣约瑟夫教堂高高的平台上。

观测过程很顺利，结论也很清晰：月亮离地球的距离，在满月时或非满月时是完全一样的。

终于，哥白尼用实测证据找到了托勒密权威学说的漏洞。

1535年，哥白尼的著作《天体运行论》的书稿初步完成。多年在神甫会的工作让哥白尼深知他的“日心说”观点与教义相违，很多跟哥白尼熟悉的人即便知道哥白尼的崭新观点是正确的，也都由于不敢悖逆教义而选择沉默，毕竟新的天文学观点并不能给普通人的日常生活带来特别的益处，相信谁是对的并不能改变绝大多数人的生活状况。

哥白尼为让他的新学说出版发行可谓煞费苦心。他知道如果贸然出版，可能会带来一系列麻烦，于是他先跟教会进行了试探性沟通，并在著作开篇以非常谦卑的语气说：“最神圣的父，我知道，某些人听到我在《天体运行论》一书中提出地球运动的观念之后，就会大嚷大叫，谴责我和这种思想……”哥白尼多次拜访多个教区的主教，主动向他们阐明《天体运行论》中的主要观点，因为曾经相熟，所以他们都能心平气和，没有特别为难哥白尼，甚至有的教区主教主动为哥白尼的《天体运行论》作序。但他知道，承认了太阳中心说，那就是承认没有上帝，因为上帝是住在地球上的，这显然是教廷无法接受的。

哥白尼顶住了诸多压力，坚持出版他的学说。1543年5月24日，邮差将散发着墨香的《天体运行论》送到哥白尼的病榻前，哥白尼用颤抖的双手慢慢地轻轻地摸了又摸书的封面，脸上浮现出安详的笑容……一个小时之后，伟大的天文学家哥白尼与世长辞。

哥白尼逝世后的第五年，1548年，布鲁诺出生。

布鲁诺曾在修道院学习，并在27岁时获得神学博士学位和一份神甫的工作。修道院是专门培养教会工作人员的场所，

也是当时教学质量和学术声望较高的地方，按照一般人的想象，在修道院里布鲁诺应该遵守教义，将“上帝是万物的主宰”“上帝创造了天和地”“上帝创造了太阳、月亮和星辰照耀大地”奉为信条。偏偏，布鲁诺没有走这条路子，他在修道院里除了完成规定课程外还读了许多自然科学的典籍，包括当时的一些禁书，如《天体运行论》。他还跟主张“以人为本，反对神权”的社会人士和团体联系紧密，并参与、策划活动，否定基督教教义，公开宣传“日心说”，表现出对基督教的厌恶。教廷对此异常愤怒，认定布鲁诺是一个忘恩负义、大逆不道、散布邪说的人，随即将他开除教籍，宗教裁判所还扬言要对他进行审判。

为了逃避审判，布鲁诺开始四处躲藏。罗马、威尼斯、瑞士、图卢兹、巴黎、伦敦……在逃亡途中他在欧洲各国大力宣传宇宙新观点，让越来越多的人了解到“日心说”，这让罗马教廷更加仇恨布鲁诺。

1592年，罗马教廷将布鲁诺诱骗回国抓捕了他。在八年牢狱生涯里，他始终不屈服于教廷，他说：“为真理而斗争是人生最大的乐趣。”罗马教廷对布鲁诺非常失望，1600年2月17日凌晨，悲烈的一幕上演了。罗马百花广场中央火刑柱上，被捆绑着的布鲁诺虽然伤痕累累，却目光如炬，他向围观的群众呼喊：“黑暗即将过去，黎明即将来临，真理最终将战胜邪恶！”刽子手用木塞堵住他的嘴，点燃了柴堆，布鲁诺在熊熊烈火中英勇就义。

1600年，36岁的伽利略正在帕多瓦大学当教授，关于布鲁诺的遭遇他很清楚。伽利略敬佩布鲁诺甘为真理牺牲的精神和宁死不屈的态度，但还是对宗教裁判所最终将布鲁诺处以极刑感到很诧异，也不禁为自己捏了一把汗，他没有想到宣传新的宇宙观会让教廷如此愤怒。面对真理，该何去何从？是退缩一隅，还是跟布鲁诺一样走到最前？伽利略迟疑了。

图2-1 伽利略

1604年9月，开普勒在蛇夫座内发现一颗新星，伽利略知道后显得比发现者更加兴奋，他以开普勒朋友的身份在帕多瓦大学连续做了三场演讲，第一次在教室，第二次在报告厅，第三次在室外广场，一次比一次热烈，一次比一次踊跃。哥白尼的“日心说”、布鲁诺的牺牲、开普勒发现的新星，都给了伽利略极大的鼓舞，他下定决心要积极投身于天文学的研究。

1609年，伽利略发明了天文望远镜，可将物体放大千倍，特别适合用于宇宙观测，此后他几乎每晚都将望远镜对准天空，研究星辰，探索宇宙。很快，他第一个知道“月亮跟地球一样，自身不会发光”。很快，他又第一个知道“木星有四个卫星，月亮绕着地球转，木星的四个卫星绕着木星转，地球、木星和其他行星绕着太阳转”。

一系列的发现让伽利略的影响力越来越大，包括在他自己的家乡——佛罗伦萨。佛罗伦萨宫廷给了他两个职位，一是比萨大学数学教授，二是宫廷教师，并且承诺给予充分的自由让他有时间继续进行科学研究。这可谓是名利双收的待遇，也是伽利略梦寐以求的工作。伽利略内心是渴望回到家乡的，他的母亲、妹妹、女儿都在家乡，这次总算可以风光无限地荣归故里。

初回佛罗伦萨，伽利略是绝对的明星人物，大家都以与他

交往为荣。对金星和太阳黑子的观测结果让他更进一步相信哥白尼的“日心说”，也为证实“日心说”找了很多证据。

1613年，伽利略在著作《关于太阳黑子的信札》中提到：太阳是待在原地缓慢旋转的；地球也是缓慢旋转的，但不是待在原地，而是绕着太阳旋转。这个观点在欧洲大陆广泛流传，因为带有“日心说”的思想，伽利略遭到了罗马教廷的警告。伽利略的望远镜以及其他许多重大发现，对亚里士多德知识体系和基督教教义的冲击特别大，尤其让教会长老和复古学派感到恐慌，因为伽利略的学说已经煽动了普通大众的叛逆情绪，这样下去，教会将被迫回答：托勒密对，还是哥白尼对？如果承认托勒密学说是错误的，相当于承认教廷在许多事情上都是错误的。因此教廷不允许伽利略宣传哥白尼的学说，并将伽利略的书籍列入黑名单。

后来，伽利略的老朋友巴伯瑞尼当上了教皇。伽利略与他私交甚笃，会面时甚至互称“亲爱的兄弟”。教皇对伽利略及其家人的生活和工作都特别关照，曾给教会高层和当地政府写信嘱咐他们要善待伽利略。教皇似乎特别公私分明，他一方面鼓励伽利略继续做实验，因为实验对社会发展有用；另一方面又曾在公开场合向伽利略表示：“很抱歉，我无法将哥白尼的名字从黑名单上除去；你可以把哥白尼的学说当成一种对众人的智力练习，但无论如何都不要做出地球是绕太阳转动的结论。”

伽利略听从了巴伯瑞尼教皇的忠告，他的著作《关于托勒密和哥白尼两大世界体系的对话》（以下简称《对话》）以“虚拟的两位有学识的科学家”的身份分别进行阐述，一位代表托勒密的地心体系，另一位代表哥白尼的日心体系。两位科学家代表不同的立场，对重要问题的解答各不相同，至于哪些是对的，哪些是错的，作者本人不做回答，让读者体会，让事实说话。著作发表后，伽利略收到了来自各方的贺信，已近古稀的他备受鼓舞，内心也一直在焦急地等待来自罗马的信件，他的朋友——罗马教皇明明都已经知晓，而伽利略也是按照教皇的旨意做的，可迟迟没有接到来自罗马的信件，这让伽利略十分不安。

果然，不幸降临了。有人向教皇做了虚假汇报，说伽利略书里面提到了三个人，一个是托勒密学说的代表，一个是哥白尼学说的代表，还有一个是名叫辛普利邱的教会代表，伽利略借辛普利邱这个角色来影射教皇是一个没有主张和思想的蠢人。教皇对此大为恼火，认为伽利略背叛了他，于是不再对他额外庇护。宗教裁判所随即命令伽利略马上到罗马审判法庭报到，不得延误。已经卧床不起的伽利略向罗马教廷申请延期，得到的回复却是“锁上铁链，押到罗马”。伽利略被担架抬到罗马并软禁起来，不允许跟任何人接触。一次又一次地被传讯，让伽利略备受煎熬，以至于他不想再为自己的命运争辩。

1633年，伽利略最后一次被传讯，审判的最终结果是：《对话》一书禁止流通；判处伽利略监禁，并每周读七篇忏悔诗。随后经多方协调，伽利略回到一个小山村休养，1642年1月8日，伽利略离开了这个世界。

2.2 行星运行的规律

开普勒与伽利略都是哥白尼“日心说”的追随者，对于天文学的研究，开普勒显得更专一。在未遇到第谷之前，开普勒

始终在努力构建行星运行的轨道结构。

开普勒在《宇宙的奥秘》中阐述，各个行星绕着中心转动的空间安排一定是简单、完美、优雅的。他从二维的平面图形出发，假设太阳是中心，离太阳从远及近的顺序是土星、木星、火星、地球、金星、水星，将土星绕着太阳转动的轨迹确定为一个圆形，在土星圆形轨道上作一个内接等边三角形，三角形的内切圆就是木星运动的圆轨道；在木星圆形轨道上作一个内接正四边形（正方形），这个正四边形的内切圆就是往里下一个行星，即火星运动的圆轨道。依此类推，就可以得到六个行星运行的轨道位置。

平面模型构建失败后，开普勒又把目光转向立体的多面体，在三维立体空间中能够存在的正多面体的数量只有五个，被称为柏拉图多面体，即正四面体、正六面体、正八面体、正十二面体、正二十面体。开普勒认为，这五个柏拉图多面体由外到内按照正八面体、正二十面体、正十二面体、正四面体、正六面体的顺序通过外接和内切得到六个球面空间，可对应当时包含地球在内已知的六个行星的轨道，这个模型确实达到了开普勒的研究初衷：简单、完美、优雅，他自己感到无比骄傲自豪。

开普勒现在需要做的就是验证他设计的行星运动秩序和位置跟天文观测结果一致，从而证明他的设计是正确的，对此开普勒充满信心。

但随后开普勒得到的一些观测数据与他的设计并不吻合，甚至看上去没有什么关系，这让他一度心灰意冷，闭门不出。

1600年，开普勒与第谷在布拉格相遇，开普勒作为访问学者在第谷的天文台住了两个月。第谷对开普勒的理论思想印象深刻，并与他有过书信沟通，但一向高傲的他还是有些看不起开普勒。开普勒来到第谷身边的目的，是拿到第谷的观测数据以验证他的观点的正确与否，可能就是这个目的表现得太明显，让第谷有了戒备之心，第谷将自己的天文观测数据藏得特别严实。后来，第谷了解到开普勒除了贫穷之外，还因为拒绝皈依天主教而被驱离，无家可归。出于同情，第谷给了开普勒一份新的工作，安排开普勒负责分析行星观测结果，两人的关系也变得和谐一些了。

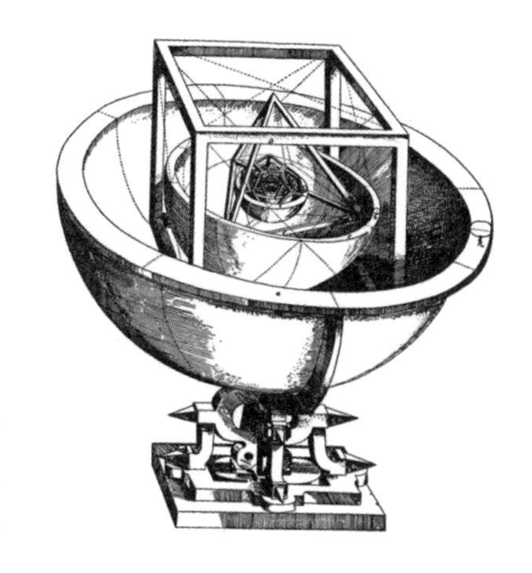

图2-2 开普勒的宇宙模型

1601年10月，第谷意外去世。宫廷通知开普勒接任第谷的工作，担任宫廷数学家和占星师。开普勒第一时间将第谷的天文观测资料紧紧地攥在自己手上，谁也不给，包括第谷的继承人。

面对第谷近二十多年的观测数据，开普勒如获至宝。开普勒重新从数据中慢慢寻找，他以太阳为中心，计算每颗行星绕太阳运转一圈所花的时间：土星30年，木星12年，火星2年，地球1年，金星7个月，水星3个月……至于它们绕着太阳运动的周期满足什么样的对应关系，只能一个接着一个地尝试。

开普勒用了数年的时间发现了太阳周围行星运行的两条定律，也就是开普勒第一定律和第二定律。开普勒第一定律又称椭圆轨道定律：行星围绕太阳运行的轨道是椭圆形，太阳位于椭圆形的一个焦点上。开普勒第二定律又称面积定律：行星与太阳之间的连线，在相同的时间内扫过的面积大小相同。

后来，开普勒又发现行星运行的椭圆轨道大小与行星绕太阳运行的周期具有一定的关联性，并由此得出开普勒第三定律，即周期定律：绕以太阳为焦点的椭圆轨道运行的所有行星，其各自椭圆轨道半长轴的立方与周期的平方之比是一个常量。至于为什么是这个常量，开普勒却解释不了。

开普勒第三定律的内容可用下面的公式表示：

$$\frac{a^3}{T^2}=k$$

a是行星运行轨道椭圆的半长轴，T是行星公转周期。

2.3　万有引力的发现

据记载，1589年，伽利略在比萨斜塔上做了著名的“自由落体实验”：质量不同的两个球体从同一高度同时下落，实验结果是两个球几乎同时落地。

物体做自由落体运动时速度太快无法用肉眼记录具体数据，伽利略将竖直下落运动转换到斜面上，分解重力的效果并将运动放缓，他通过无限分割的数学方法，得出“物体在一定时间内所走的距离与时间的平方成正比”的结论，即

$$S=\frac{1}{2}at^2$$

其中a是一个由斜面决定的常数，称为速度的变化率，后来被称为“加速度”。

根据物体所走的距离与时间关系，将自由下落测得的距离、时间数据代入关系，可得到自由下落的加速度为9.8 m/s^2。

伽利略对运动学描述的另一大贡献是发现了运动的叠加原理。比如平抛运动，一方面，如果没有重力的作用，物体将会沿着水平方向做匀速直线运动；另一方面，如果没有水平的初

速度，物体将会沿着竖直方向做自由落体运动。而平抛的物体在实际运动中的速度是斜向下方的，是水平方向速度与竖直方向速度的矢量和。

接下来，牛顿登场了。

“如果我比别人看得更远，那是因为我站在巨人的肩膀上。”牛顿的这句名言所指的“巨人”是伽利略、开普勒等人及他们的伟大发现。1666年，瘟疫盛行导致剑桥大学停课，牛顿回到自家的农场，受到苹果从树上掉落的启发，他开始关于引力的问题。

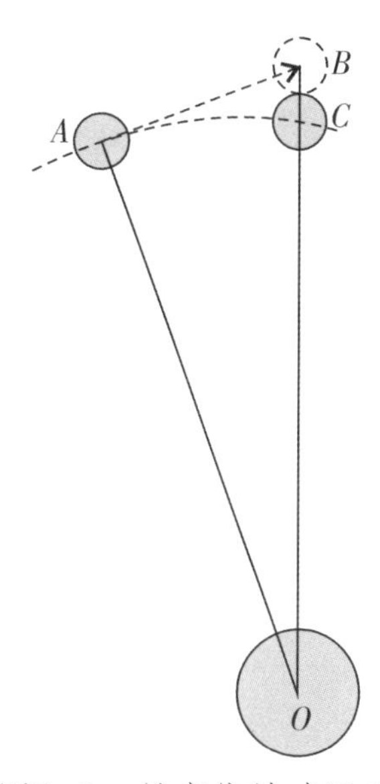

图2-3 月亮绕地球运动示意图

牛顿将关于引力的思考从苹果延伸到了月亮。月亮绕着地球做圆周运动，其实也应该视为两种运动的叠加，一种是依靠惯性的直线运动，另一种是因地球吸引产生的“下降”运动。将这种运动转化为一种几何关系，如图2-3所示，O是地球的球心，A是月亮初位置，若没有外力，经过极短时间Δt后月亮应该沿虚线到达B点，而月亮运动的实际位置是到了圆形轨道上的C点。根据伽利略的运动叠加原理，月亮的运动是AB方向的匀速直线运动和指向地球球心的下落运动的叠加结果，从而使月亮保持在一个圆上做匀速圆周运动。

容易知道，AB是圆弧的切线，与AO垂直，即$\triangle AOB$为直角三角形，即

$$(BC+CO)^2=AB^2+AO^2$$

展开得到

$$BC^2+2BC \cdot CO+CO^2=AB^2+AO^2$$

$AO=CO=R$，R为月亮绕地球做圆周运动的半径，去掉两边的等项式，然后两边同除以$2AO$，得到

$$BC+\frac{BC^2}{2AO}=\frac{AB^2}{2AO}$$

对于取极短时间Δt内的运动，BC相比于AO而言长度非常小，因此左边第二项可以忽略，得到

$$BC=\frac{AB^2}{2AO}$$

又

$$AB=v \cdot \Delta t$$

可得到月亮指向地球方向上的运动距离

$$BC=\frac{1}{2}\left(\frac{v^2}{R}\right)\Delta t^2$$

结合伽利略得到的结论

$$S=\frac{1}{2}at^2$$

我们可以得到月亮向着地球方向持续下落的运动加速度（又称为向心加速度）

$$a=\frac{v^2}{R}$$

牛顿猜想，如果月亮绕着地球转与苹果向下掉落受到的是同一种力的话，那么地球表面指向地球球心的重力加速度与月亮所在轨道指向地球球心的向心加速度应该满足同一对应关系。现在已经明确的是地球表面的重力加速度是随着距地球高度的增大而减小的，当高度增大到月亮所在轨道的高度时它还存在的话，又会是多少呢？

月亮围绕地球公转一圈所需时间为27.3天（2.35×10^6 s），

由公转周期T与角速度之间的关系，易求出

$$\omega=\frac{2\pi}{T}=\frac{2\times3.14}{2.35\times10^{6}\ \mathrm{s}}=2.67\times10^{-6}\mathrm{s}^{-1}$$

$$v=\omega\cdot R$$

月亮绕地球做圆周运动的半径$R=3.844\times10^{8}$ m，由此可算得月亮轨道处指向地球球心的向心加速度

$$a=\omega^{2}R=0.0027\ \mathrm{m/s^{2}}$$

将此值与地球表面重力加速度的值$g=9.8\ \mathrm{m/s^{2}}$对比，得$g=3630a$。地球表面物体到地球球心间距离等于地球半径$R_0=6371$ km，月亮所在轨道到地球球心的距离$R=3.844\times10^{5}$ km，即$R=60R_0$。不难发现，加速度的比值等于距离的比值的平方，由此意味着引力与距离的平方成反比，即

$$F\propto\frac{1}{r^{2}}$$

按照这个思路，如果苹果落向地面和月亮围绕地球旋转都是因为地球的吸引，那么其他行星围绕太阳旋转也应该是因为太阳对行星的吸引。两个苹果之间也应该相互吸引，只是吸引力对不同物体产生的影响不同。

根据牛顿运动定律，物体上有力的作用就会获得一个加速度，加速度与力的大小成正比，与物体的质量成反比，即

$$a=\frac{F}{m}$$

伽利略在研究自由落体时发现，所有物体在地球表面都是以相同的加速度下落，均为$9.8\ \mathrm{m/s^{2}}$，这个数值与质量无关。这个结论与牛顿运动定律所说的岂不是矛盾？

恰恰是这个“矛盾”帮了大忙。做自由落体的物体产生加速度的力是地表的重力，即地球对物体的吸引力，这个力必须

是与物体质量成正比的，即

$$F \propto m$$

只有这样，在牛顿运动定律中，力的表达式中的“m”与分母的物体质量才会相抵消，从而得到一个与质量无关的结果。

所以，物体之间的吸引力与物体质量的一次方成正比。要注意的是，力是相互的，发生吸引力的两个物体均有质量，则吸引力与两个物体质量的一次方均成正比关系，即

$$F \propto m_1 m_2$$

综上所述，设两个相互作用物体的质量为m_1、m_2，它们之间的距离为r，则可以用一个公式来表示：

$$F \propto \frac{m_1 m_2}{r^2}$$

2.4　引力常量的测定

自从牛顿发表了他的著作《自然哲学的数学原理》，在其中详细地介绍了万有引力定律以后，科学家十分热衷于对万有引力的实验探究和理论研究。

大家都知道，虽然万有引力与物体质量及物体间距离有明确的数学关系，但测量出两物体间万有引力的大小却困难重重。因为引力大小并不等于两物体质量之积与两物体距离平方之比，要使引力、质量、距离之间建立关联等式，必须加一个“补充项”，令为k。

$$F = k\frac{m_1 m_2}{r^2}$$

卡文迪什刚开始着手研究地球有多重这个问题时，发现很难下手，于是他认真翻看牛顿的著作，最后坚信，直接测量引力大小是解决问题的唯一办法。卡文迪什利用英国机械师米歇尔设计的扭秤，它由一根长39英寸的镀银铜丝、一根长6英尺的木杆和木杆的端点固定的两个小铅球构成。实验时，用一个直径为12英寸的大铅球去吸引小铅球，通过测量铜丝的扭动角度，计算两个物体之间的引力，根据万有引力定律，计算出补充项k，进而计算地球的质量。

图2–4　卡文迪什

可是，相距为0.1 m，质量为1 kg的两个铅球之间的引力的数量级在10^{-9}，由于当时的实验条件（无精确的测量仪器）的限制，即使空气中的尘埃，也会对实验结果的测量造成很大的干扰，怎么才能够准确地测量铜丝的扭动角度呢？一天，卡文迪什在去皇家学会开会的路上看到几个小孩正在玩有趣的游戏。他们人手一面小镜子用来反射阳光，互相追逐打闹，远处光点的位置随着镜子的转动发生很大的变化。卡文迪什受到启发，马上返回实验室，对扭秤进行改进。他在石英丝上固定一面小镜子，一束光线经过它的反射，照射在刻度尺上（如图2–5）。这样，两个铅球之间的引力会使石英丝扭动，光线在刻度尺上就产生十分明显的移动，这就实现了扭动现象的放大。卡文迪什之所以能成功完成测量地球的质量的实验，在于他利用改进的扭秤对铅球之间的引力进行了三次放大：第一次是力矩“放大”，通过T形支架固定两个相同的小铅球m，使得大铅球m'靠近小铅球m时，由于引力发生转动产生较大的

力矩，使金属丝扭动；第二次是角度“放大”，从光源处发出的一束光线照射到小镜子M上，小镜子随着金属丝的扭动，发生一个偏转角θ，根据对称性，反射光线偏转角度为2θ；第三次是弧长“放大”，增大刻度尺到金属丝的距离，使光点在刻度尺上移动的弧长变长。如果已知金属丝扭力的相关系数，和大小铅球的质量m'、m，以及它们之间的距离r，通过测量θ便可以计算引力常量G。卡文迪什利用该实验测得引力常量$G=6.754\times10^{-11}\ \mathrm{m^3\cdot kg^{-1}\cdot s^{-2}}$，并推导出地球的质量，证实了牛顿万有引力定律的正确性。

在卡文迪什实验之后的两百多年里，随着科学技术的发展与进步，国际上先后出现了许多测量引力常量的方法，并产生了200多个G值。国际科技数据委员会2018年推荐的引力常量数值为$6.67430\times10^{-11}\ \mathrm{m^3\cdot kg^{-1}\cdot s^{-2}}$。

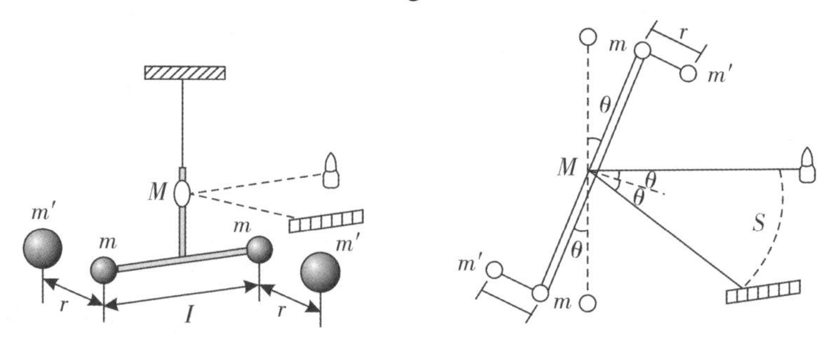

图2-5 卡文迪什扭秤实验装置和原理图

2.5 引力常量的重要价值

卡文迪什通过扭秤实验测量出两个物体之间微小的万有引力大小，进而确定出引力常量的数值，将万物之间相互作用力量化到精准态。万有引力定律及引力常量最引人注目的应用发生在1846年。人们通过观测发现天王星后，天文学家根据万有引力定律计算天王星轨道时，发现计算结果与实际观测结果有较大的误差。法国数学家勒维耶和英国科学家亚当斯推测原因在于未知的天体将天王星拉离了“理想”轨道，于是他们着手计算引起天王星轨道偏离的未知行星的质量、位置、路径等重要数据。他们将计算结果寄给了德国天文学家伽勒。1846年9月23日，伽勒收到信件，当天晚上，他便将望远镜转向天空，只花了一个小时，就在勒维耶和亚当斯提供的空间位置上发现了一颗隐隐发光的新行星，这就是海王星，太阳系中第八个行星。

航天技术的发展是现代科技发展中最引人注目、最具核心价值的成就之一，这也离不开万有引力定律和引力常量测定所做的贡献。以中国为例，北斗卫星导航系统、载人航天、天宫空间站、探月工程、天问一号火星探测器等重大成果，均是对万有引力定律的直接应用。

3 阿伏加德罗常数

$N_A = 6.02214076 \times 10^{23}\ mol^{-1}$

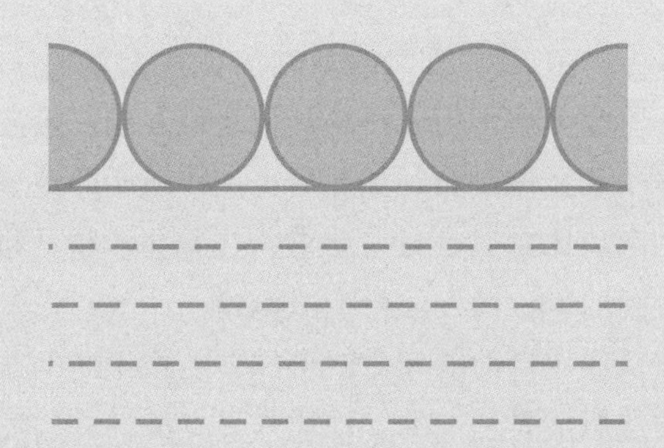

请看吧，
只要化学愿意，它就能使“2+1=2”，
而你的数学能做到这一点吗？
遗憾的是，
我们对化学还知道得太少啊！

——阿伏加德罗

3.1 物质的组成

物质由元素组成。元素思想的起源很早，古巴比伦人和古埃及人曾经把水、空气和土看成是世界的主要组成元素，形成了三元素说。而古印度人有四大种学说，古代中国人有五行学说。亚里士多德把水、气、火、土称为“四元素”。到了17世纪中叶，由于科学实验的兴起，学者们进行了一系列关于物质变化的实验，用化学分析的结果去解决关于元素的概念问题。具有科学形态的元素概念是17世纪由英国化学家玻意耳提出的。

玻意耳在前人研究的基础上，用大量的实验证明：黄金高温下不易分解，但它可与其他金属互融，可溶解在“王水”里；沙子和灰碱混合经加热后可变成透明的玻璃；金属高温煅烧后的灰渣比金属本身还要重；灰碱和油脂一起烧煮可制成肥皂；葡萄的果汁经发酵可变成酒精……玻意耳发现化学变化中同一物质用不同的处理方式可以转变成不同的东西，因此他认为物质的组成是复杂的，性质是多变的，这与亚里士多德所称的“四元素”论并不吻合。

玻意耳发现参与化学变化的物质，各自都有相对稳定的特性，他通过大量事实的论证，认为各式各样的物质应该是由多种基本物质按照一定规则组合而成的，他称这些基本物质为“元素”：“元素是原始的、简单的、纯净的、不能再分解的实物”。

人们对元素的认识并未止步。法国化学家拉瓦锡对铅、锡、硫、汞在空气中的燃烧进行了精细研究。他将少量的汞放在内置有空气的封闭容器里持续加热直至不再有任何新的变化，观察到的现象是银白色的液态汞变成了红色的粉末，通过气体状态分析得知空气体积减小了约五分之一。容器中剩余的空气不支持可燃物的燃烧，小动物置身其中会死亡。容器中生成的红色粉末转移出来再进行加热，可重新生成液态汞和一部分气体，而这一部分气体体积与原来密闭容器里减少的那部分空气体积大致相当。实验中拉瓦锡发现，给汞加热时，汞可以将容器中五分之一的空气“吃掉”，在液态汞富余的情况下继续加热，汞再也“吃”不动剩下的五分之四空气了，这说明“前五分之一”的空气与“后五分之四”的空气不同。

图3-1　拉瓦锡

拉瓦锡又将在空气中容易发生燃烧的金刚石（燃点1000 ℃）用燃点更高的石墨膏（燃点3000 ℃）包起来，放在空气中加热到1000 ℃以上，加热了几个小时，冷却之后，剥开石墨膏，观察到里面的金刚石完好无损，由此说明石墨膏隔断了金刚石与空气的接触，导致金刚石不燃烧，可见空气在燃烧现象

中发挥着不可或缺的作用，具体地说是“前五分之一”的那部分空气，而“后五分之四”的空气是另一种物质，这一部分空气对燃烧无用。拉瓦锡认为支持物质燃烧的气体是一种元素，并将其命名为“oxygen”。

拉瓦锡还通过精确的定量实验，证明物质虽然在一系列化学反应中改变了状态，但参与反应的物质的总质量在反应前后都是相同的，也就是大名鼎鼎的质量守恒定律。

拉瓦锡在玻意耳提出的“元素”原始概念的基础上，制作了第一张化学元素表。他分析和总结了大量的生活实例和实验数据，列举出了三十三种化学元素：第一类是气体——氧气、氮气、氢气、热素、光；第二类是非金属物质——硫、磷、碳、盐酸基、氢氟酸基、硼酸基；第三类是金属物质——砷、钼、钨、锰、镍、钴、铋、锑、锌、铁、锡、铅、铜、汞、银、铂、金；第四类是简单土质——石灰、苦土、重晶石、矾土、石英。虽然以我们现在的化学知识来看，他的分类有不完善甚至错误之处，但他将各种物质按照化学特性进行分类的尝试给后人提供了一种思考方向和思维范式，并由此给化学学科奠定了一个总体框架。

3.2 原子量的提出

拉瓦锡之后，分析化学家普鲁斯特从元素如何组成各种各样物质的角度进行研究，他发现有些矿物质，无论是从世界哪个角落采集到的，还是实验室用不同方法制备出来的，同种物质在密度、颜色、硬度、纹理等物理性质上，和发生化学变化的规律上，都具有高度的一致性，如对于食盐（氯化钠），非洲的食盐和亚洲的食盐是同一种物质，没有任何区别。

沿着这条道路，普鲁斯特创立了物质构成的“定比定律”：每一种化合物，组成它的各元素质量比例关系是一定的，原子个数之比也是一定的。

定比定律和质量守恒定律一起，为英国科学家道尔顿的原子理论成为一个科学理论提供了实验依据。

1808年，道尔顿基于牛顿的原子论提出了他的原子理论：所有的化学元素都是由一种非常小的粒子组成，即原子，这些粒子无法借由化学方法进一步地分割；同种元素的原子具有相同的大小、质量和性质，不同元素的原子是不同的，即元素性质由组成它们的原子决定；不同元素化合时，这些元素的原子按简单整数比结合成化合物。

图3-2 道尔顿

道尔顿指出，同一种元素的原子有相同的质量，不同元素的原子有不同的质量。他首次把原子量的概念引入化学，化学从此进入定量研究阶段。

1803年，道尔顿在一次学术会议上提出以氢原子质量作为基准“1”来确定其他元素的原子量。有了原子量基准后，要测定其他元素的原子量，必须知道化合物的重量、组成及分子式。如测得甲烷中含碳75%，含氢25%，又知甲烷的分子式为CH_4，可求得碳的原子量为12。依此类推，根据各元素在不同化合物中的组成，理论上是可以确定所有元素的原子量的。

瑞典化学家贝采里乌斯致力于原子量测定工作20多年，他在极简陋的实验室中对2000多种单质和化合物进行了准确

的分析，为测定原子量提供了丰富的实验依据。他采用法国化学家盖-吕萨克发现的“各种气体彼此起化学反应时，常以简单的体积比相化合”作为确定化合物A_mB_n中m和n的依据。如2体积氢与1体积氧化合生成2体积水蒸气，可确定水的组成应为H_2O。准确得出各化合物的元素组成是准确测定各元素原子量的前提，贝采里乌斯发现与氢元素直接化合的元素不多，而氧是能够与绝大多数元素直接化合的，于是他将氧的原子量当成“100”作为原子量的基准。

随后，杜隆和普蒂利用“金属的比热与它们的原子量成反比”测定原子量，核实和修正贝采里乌斯测定的原子量数据；米希尔希里利用“相同数目的原子以相同方式相结合即得同晶型”推测化合物的组成，从而测定原子量；杜马根据“同温同压下同体积的不同气体含有相同数目的分子”，通过测定蒸汽密度来测定分子量；斯达利用各种制备纯净物质的方法将所测物质提纯、蒸馏，提出以氧的原子量为“16”作为原子量的基准，可准确测定其他元素的原子量，这一基准被沿用了100年。

测定元素原子量到底以什么作为基准，科学家们一直在探寻的路上。目前，我们以1959年国际纯粹与应用物理学联合会上德国物理学家马托赫发布的“$^{12}C=12$”作为原子量基准，此基准经国际纯粹与应用化学联合会同意并正式采用。

采用“$^{12}C=12$”作为原子量新基准的主要原因是^{12}C在自然界中比较稳定，碳的化合物特别是有机化合物繁多，它们能形成很多高质量的分子离子和氢化物，利于测定质谱，而用质谱仪测定原子量是现代最准确的方法。

3.3 元素周期表

在建立了元素原子量概念之后，诸多元素之间满足什么样的内部联系，如何进行分类归纳，一个个新问题接连呈现在人们面前，解决这些问题，俄国化学家门捷列夫功不可没。

在门捷列夫之前，已有众多科学家从不同角度、不同深度分别阐述各类元素间的个别关系，但从整体上讲还是零散不齐的，原因是没有找到元素的正确分类原则。门捷列夫作为一名高校教师，在日常授课中对元素分类的问题也感到迷茫和无助，出于高度的责任感，他决定走出实验室，走进大学堂，走进大工厂。1859年，门捷列夫到德国海德堡大学学习物理化学知识；1862年，他又到阿塞拜疆的巴库油田重测了原油中一些元素的原子量；1867年，他应邀参观和考察了法国、德国、比利时的许多石油化工厂、科学实验室。长时间的游学、考察、调研让门列捷夫大开眼界，丰富了他的知识体系，增长了他的实验研究的水平和能力。门捷列夫重返实验室，以原子量的大小作为分类的首要原则，将各元素的化学性质作为第二原则，在一张一张的卡片上不断尝试、调整。1869年，他终于总结出了元素周期律，并“拼凑”出第一个版本的元素分类排布表，即世界上第一张元素周期表。

令人震撼的是，门捷列夫利用他编制的元素周期表，大胆预测当时公认的金的原子量是错误的。当时公认的金元素原子量为196.2，要排在锇、铱、铂之前面。门捷列夫坚定地认为锇、铱、铂、金的原子量有误，应当重新测定。最终，锇、铱、铂、金的原子量重测的结果分别为190.9、193.1、195.2、197.2，证实了门捷列夫的判断，也证明门捷列夫的元素周期

表的排布分类方式是正确。

3.4 阿伏加德罗的分子假说

19世纪上半叶，虽然分子、原子、原子量等概念已经逐渐形成，但尚未成型，不同国家、不同学派的化学家之间形成了不同的化学表达体系，仅氧的原子量在欧洲大陆便有100、16、8等若干种不同的数值；同时，化学式的写法也不统一，在一些国家，水和过氧化氢均用OH表示，而在另一些国家，甚至不使用拉丁字母表记化合物；醋酸的化学式，居然有多达十九种写法，而类似分子、原子等概念则更是各不相同。

对于化学反应，当时的科学家们争论的核心逐渐趋向于一个关键问题：是原子间的直接作用还是分子间的直接作用。意大利物理学家阿伏加德罗敏锐地将道尔顿的原子理论和盖-吕萨克的气体化合体积定律结合在一起，提出了分子假说的两条规律：一是同温同压下，同体积的不同气体含有相同的分子数目；二是存在两个或多个同种元素的原子组成的分子。

阿伏加德罗提出分子假说遭到贝采里乌斯的强烈反对。贝采里乌斯认为各元素能化合为一物，原因是不同原子带有不同电性的电荷，带有相反电性的电荷的原子才能够彼此吸引而成为化合物。而两个或多个相同元素的原子是带有同性电荷的，彼此之间互相排斥，不可能聚合而形成分子。面对质疑，阿伏加德罗显然没有做好应对和反击的准备，而且当时他也没觉得自己的观点能产生多大的影响，于是选择了沉默。

1859年，德国化学家凯库勒等人认为分子、原子、当量以及化学符号等基本的、核心的问题有必要在更大范围内做统一规范，便提议发起一次世界性的化学家聚会。1860年5月，凯库勒邀约德国化学家维尔蔡因和法国化学家武慈商讨此事，他们在巴黎用德语、法语和英语向全世界发出了召开国际化学会议的号召公告。1860年9月，第一届国际化学会议在德国工业城市卡尔斯鲁厄的博物馆大厅召开，共约140位化学家参会。会议除了统一各种概念和符号，还有一项特别重要的议题，那就是将阿伏加德罗的分子假说和道尔顿的原子假说有机地融合到一起，形成了“原子-分子学说”。

3.5 阿伏加德罗常数以及测量方法

阿伏加德罗的分子假说将温度、压强、体积这些宏观概念与分子数目这个微观量关联起来，启发了人们通过观测大量分子集体表现的宏观性质来认识和了解分子的微观性质和数量，也引起了奥地利化学家洛喜密脱的兴趣，他关注的是“四同”中最后一个——相同的分子数目。这个“数目”到底是什么呢？洛喜密脱运用气体分子运动论的平均自由程公式、麦克斯韦速率分布平均速率公式、气体黏滞系数等工具，计算出在标准状况下，22.4升的氧气所含分子个数为10×10^{23}。

如此巨大的数字，是凭空捏造还是真实存在，人们持怀疑态度。1905年，爱因斯坦通过分析糖在其水溶液中的布朗运动，利用数学方法，推导出一个“克分子”（即后来的“摩尔”）中所含糖分子的个数为3.3×10^{23}。

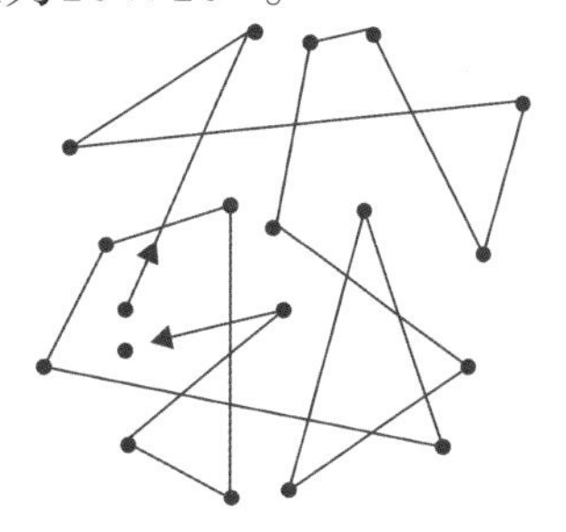

图3-3　布朗运动示意图

三年后，法国物理学家让·佩兰在爱因斯坦实验方法的

基础上，利用溶胶粒子来分析研究布朗运动。他提取藤黄微粒和树脂微粒，配制藤黄乳状液、树脂乳状液，通过显微镜进行了上万次的观测和计算，求得单位当量内物质所含分子的个数为5×10^{23}~8×10^{23}。佩兰的研究证实了分子的真实存在，因此，他获得了1926年诺贝尔物理学奖。为纪念阿伏加德罗对科学发展做出的卓越贡献，佩兰一再坚持将他所测定的单位当量内物质所含分子个数的数据，命名为“阿伏加德罗数”。在国际单位制（SI）将摩尔加入基本单位后，阿伏加德罗数及其定义被阿伏加德罗常数取代。

图3-4　让·佩兰

“摩尔”和“物质的量”是与阿伏加德罗常数有关的两个概念。“摩尔”一开始只是少数科学家用来描述化学反应的一个与“克原子”“克分子”类似的名称，它与“物质的量”都是由德国化学家奥斯特瓦尔德提出的，不过他所提出的“物质的量”的概念与现代概念的意义不同，现代概念的“物质的量”在1961年才被正式确认。

关于“摩尔”“物质的量”“阿伏加德罗常数”三者关系的表述如下：物质的量为1摩尔的任何物质所含的分子（或原子）个数，叫做阿伏加德罗常数，符号为N_A。

在中学物理实验室中可用“单分子油膜法”测量阿伏加德罗常数。

动植物体内的油酸，是一种脂肪酸，化学式为$C_{18}H_{34}O_2$。我们将油酸滴在水面上时，比水的密度小的油酸会在水面散开，形成一层极薄的膜。油酸分子中的羧基（—COOH）对水有很强亲和力，俗称“亲水基”，当水面足够大，油酸的油膜在水面上充分展开，就形成一层一个挨着一个的整齐排列的单分子油膜。

设用滴管从纯油酸中取出体积为V的油酸，滴入水面上形成面积为S的油膜，根据$d=\frac{V}{S}$可算出油膜的厚度，即油酸分子的直径大小。

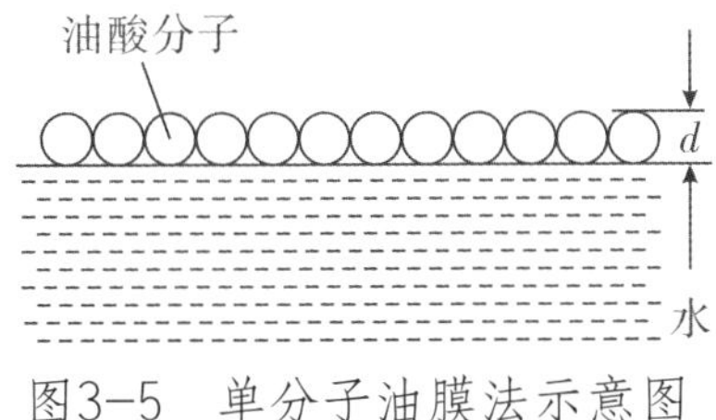

图3-5　单分子油膜法示意图

把油酸分子看作为球形，则每一个油酸分子的体积

$$V_0=\frac{4}{3}\pi\left(\frac{d}{2}\right)^3=\frac{\pi V^3}{6S^3}$$

油酸的摩尔质量为M_r，密度为ρ，则油酸的摩尔体积

$$V_r=\frac{M_r}{\rho}$$

阿伏加德罗常数即为

$$N_A=\frac{V_r}{V_0}=\frac{6M_rS^3}{\pi\rho V_3}$$

将实验中的纯油酸体积V、水面上油膜面积S及油酸摩尔质量代入其中即可求得阿伏加德罗常数

$$N_A=6.02\times10^{23}\ \mathrm{mol}^{-1}$$

除了用油酸单分子油膜法测量阿伏加德罗常数外，还可以用电解法测定阿伏加德罗常数。用两块已知质量的铜片作为阴极和阳极，以硫酸铜（$CuSO_4$）溶液作电解液进行电解，则在

阴极上铜离子（Cu^{2+}）获得电子后析出金属铜（Cu），沉积在铜片上，使得其质量增加；而在阳极上等量的Cu溶解，生成Cu^{2+}进入溶液，因而铜片的质量减少。即

$$\text{阴极反应：} Cu^{2+}+2e^{-}=\!=\!= Cu$$

$$\text{阳极反应：} Cu-2e^{-}=\!=\!= Cu^{2+}$$

根据质量守恒定律，阴极上Cu^{2+}得到的电子数和阳极上Cu失去的电子数应该相等，阴极增加的质量应该等于阳极减少的质量。测量实验过程中的电流强度I、通电时间t、阴极增重的质量m。已知Cu的摩尔质量为64 g/mol，由实验步骤，可知阴极增重1 mol即64 g铜时，电量应为2 mol。

根据上述分析，可以得到阿伏加德罗常数

$$N_A=\frac{32It}{me}\text{（}e\text{为电子量）}$$

3.6 阿伏加德罗常数的重要价值

在讨论宏观物质与微观特性的关联时，阿伏加德罗常数常常充当一条不可或缺的纽带。

我们在认识气体时，常常用体积、压强和温度来描述其状态。例如，一定质量的气体在等温变化的过程中，体积减小时，气体压强是增大的；一定质量的气体在等容变化的过程中，温度升高时，气体压强是增大的。以上描述反映了气体的三个状态量之间彼此的定性变化规律，但是如果想知道2 mol的氧气在$p=3.03\times10^{5}$ Pa、$V=11.2$ L状态下的温度是多少，就必须建立气体压强、体积、温度之间的数学函数关系。

1834年，法国科学家克拉珀龙在玻意耳-马略特定律、查理定律、盖-吕萨克定律的基础上，总结出理想气体状态方程

$$pV=nRT$$

其中，p为压强，V为气体体积，T为温度，n为气体的物质的量，R为普适气体恒量。

普适气体恒量是一个常量，R=8.31 J/mol · K，这个常量是一个与阿伏加德罗常数相关的常量

$$R=N_A \cdot k$$ （k为玻尔兹曼常数）

类似地，在电化学中，法拉第常数是一个重要的常数，如在表示一个物质带有多少离子或者电子时、计算1 mol电子在电压变化时获得或者释放出的能量时，都要用到法拉第常数，而法拉第常数也是一个与阿伏加德罗常数相关的量

$$F=N_A \cdot e$$

4 元电荷

$e=1.602176634\times10^{-19}\ \mathrm{C}$

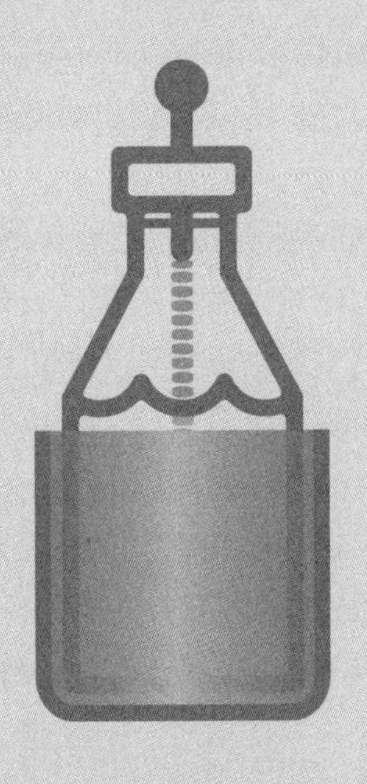

科学靠两条腿走路，一是理论，二是实验。
有时一条腿走在前面，有时另一条腿走在前面。
只有使用两条腿，才能前进。

——密立根

4.1 发现电荷

16世纪之前，人们已经知道琥珀、橡胶被摩擦后可以吸引轻小物体。东汉王充在《论衡》中阐述带电附磁的物体可吸引轻小物体："顿牟掇芥，磁石引针，皆以其真是，不假他类。""顿牟"是玳瑁的甲壳，"芥"是干燥的芥草。英国医生吉尔伯特系统、全面地将各类可产生类似吸引现象的物质进行分类，并用他发明的验电器对物质"吸引"能力的大小进行排序，首次提出用"电"描述这种吸引力。

17世纪，曾做过"马德堡半球实验"的德国人格里克在前人对带电问题浅层分析的基础上，将物质的"带电"现象归为两类：排斥和吸引。

格里克把通过摩擦琥珀、橡胶及其他树脂制品所带的电称为"琥珀质"，把通过摩擦玻璃、云母及其他玻璃制品所带的电称为"玻璃质"。格里克认为带电物体不是"琥珀质"多一些，就是"玻璃质"更多一些，带电是物体内"琥珀质"与"玻璃质"不平衡的外在表现，而处于电中性的物体具有相同数量的"琥珀质"和"玻璃质"。他认为"琥珀质"和"玻璃质"可以产生相互的作用力，并总结出产生电荷的三种方式：摩擦起电、接触起电、感应起电。他特别提到，将一个电中性长条物体靠近带有"琥珀质"的橡胶球，长条物体离橡胶球近的一端出现了“玻璃质”，远的另一端出现了“琥珀质”，近、远两端出现的“玻璃质”和“琥珀质”的数量几乎相等，而且随着橡胶球的远离均会减少，直到消失。

在格里克研究的基础上，法国人杜菲通过对大量实验结果进行比较分析后大胆地确定：电只有两种，并把“琥珀质”叫“阳电”，“玻璃质”叫“阴电”。

4.2 储存电荷

随着对物体带电现象研究的不断深入，人们发现通过摩擦、接触和感应所产生的带电状态难以长时间保持，导致实验的效果和可信度都受到较大影响。

荷兰莱顿大学教授马森布罗克听说玻璃瓶里面的水可以将电荷储存起来。1746年，他和助手一起，把起电机与枪管连着，桌子上放一个装有水的玻璃瓶，用一根铜线将枪管与玻璃瓶中的水连接起来。他们希望可以将摩擦起电产生的电荷送到玻璃瓶中存储，但无论怎么努力，瓶子里面就是留不住电。马森布罗克筋疲力尽，看着已经摇摇晃晃的实验台，他让助手一手扶着玻璃瓶，一手抓住枪管，他撸起袖子再次用力快速地摇动起电机的手柄，突然，他的助手猛地尖叫一声，甩开枪管和瓶子，面色苍白，恐慌万分。

马森布罗克安抚好助手，重新调整实验仪器，让助手摇动起电机，他自己一手扶着水瓶子，另一只手小心翼翼地去触碰枪管，结果他也尖叫了。

马森布罗克写信告诉朋友：“无论如何，我再也不会重复这个实验了……我把右手放在玻璃瓶上，试图用另一只手从带

电的枪杆上引出火花。突然，我的手、手臂和身体被一种我无法控制的刺痛包围，我整个身体被掀翻在地，有一种无法形容的恐怖感觉，我以为我立刻就没命了。”

马森布罗克对自己和朋友的忠告，反而激起了人们对电现象强烈的好奇心。越来越多的人纷纷效仿和改进马森布罗克的实验过程，最终制造出可以将摩擦所产生的电贮存起来的“莱顿瓶”。

“莱顿瓶”的原理与常见的平行板电容器的原理一样。两个相互靠近的导体，中间夹一层不导电的绝缘介质，就可以构成电容器，极板上带上电荷时，极板间就有电压，或者两极板之间加上电压，电容器就储存有电荷。如右图所示，金属球、金属棒和瓶内锡箔相当于一个极板，瓶外的锡箔是另一个极板，玻璃瓶是中间不导电的绝缘介质。虽然空气潮湿或瓶底不干燥会导致“莱顿瓶”内的电荷慢慢变少，但它仍能将电荷贮存几个小时甚至几天时间，足以满足科学研究和现场演示需要了。

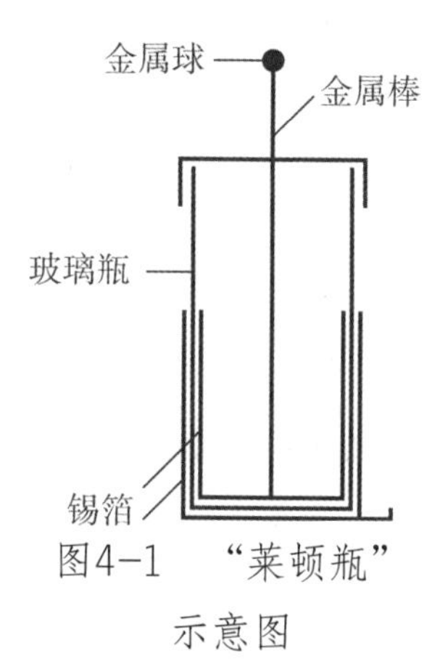

图4-1 “莱顿瓶”示意图

4.3 风筝实验

1746年，英国物理学家柯林森给富兰克林邮寄了一个“莱顿瓶”，并附上了使用说明书。

富兰克林在获得“莱顿瓶”之前已对电现象十分感兴趣。为了深入探讨电荷运动的规律，他将“玻璃质”和“琥珀质”

称为“正电”和“负电”，并确定了“充电”“放电”“导电体”“电池”等通用词汇。

富兰克林拿到“莱顿瓶”后，根据使用说明书，琢磨了好多回，充电，放电，再充电，再放电……他发现放电的时候总会出现短而强烈的噼里啪啦的声响，并伴随闪电状的火花，酷似下雨时天空中的闪电。富兰克林想：“琥珀引起的电荷可存储在‘莱顿瓶’中，天空中的闪电是否也可存储在‘莱顿瓶’中呢？”他将他的想法以及实验设计写成了论文，寄给了英国皇家学会。几经周折，法国几位科学家读到富兰克林的论文后，将富兰克林论文中的实验设计改造后付诸实践。他们在花园中将一根长长的导线伸向空中，导线下方延伸到一个类似“莱顿瓶”的装置中，每次的暴风雨之后他们就去查看瓶子是否存储着电荷，过程很顺利，瓶子里面确实存储着可以产生强烈电火花的电荷。

富兰克林听说他的猜想在法国得到验证，这让他兴奋万分，他迅速将他的论文内容与法国人实验验证的消息刊发在《费城报》上。文章描述了实验过程：用丝绸手帕做一个风筝，风筝上方连接一根金属线，因为人手不能直接抓着金属线，所以在金属线的尾端还需连一根长短合适的丝绸线，并在金属线与丝绸线交接处绑一把门钥匙。预计有雷电来临之前，将准备好的丝绸风筝放飞到天空中，人抓住丝绸线躲在屋里，为了安全，丝绸线不能被打湿，金属线不能碰到门窗。当带电云层产生的闪电掠过风筝时，可把雷暴云层中的电荷导入金属线中，部分电荷汇聚在钥匙上，用指关节触碰钥匙，就会产生火花，即可证明闪电与地面上的静电一样。

1752年，富兰克林在自己论文猜想、法国人实验操作的基

础上，与他的儿子一起，在费城将风筝实验做了一次，得到了与法国人相同的实验结果。

其实，捕捉闪电的实验到底是由法国科学家先完成的，还是富兰克林先完成的，已经没有最直接的证据。现在看来，这已经不是重点，重要的是富兰克林能大胆预测天空中的闪电与地面上的静电为同一属性，并进行了实践性的探索，这才是最宝贵的。

富兰克林在统一“天电”与“地电”的基础上，提出可利用尖端放电，在建筑的屋顶安装一根连接到地面的长导线，将闪电的电荷导入地下，避免其对人畜的伤害，这被后世之人广泛应用，俗称“避雷针”。

4.4 库仑定律

17世纪开始，航海业快速崛起，人们航海的范围越来越广，距离越来越远，航海海况越来越复杂，对指南针的精确度要求也越来越高，当时用于航海的旱罗盘指南针的精度已不能满足人们需求。

法国出于开发海洋资源、获得海外殖民地、拓展经商贸易通道等需要，1773年，由法国科学院向全世界悬赏征集提高航海指南针精度的解决方案。一直处于该领域研究与实践中的法国科学家库仑，在1775年发明用丝线悬挂磁针的方法提高了航海指南针的精度，成功获取法国科学院的赏金。

长时间的军队建筑工作让库仑获得对各种材料应用的大量实践经验，更重要的是军队里有较好的科学实验条件，他关于材料应力和应变的理论框架成果就是在这一时期取得的。

库仑发现金属丝发生扭转时会产生反向扭力，扭力大小与扭转角度成比例。将金属丝连接的横杆用力扭转时，金属丝会发生扭转形变，金属丝因扭转形变而产生的弹力有让金属丝恢复原状的趋势。扭转形变将力的大小与转动角度关联为数学关系，而平面内一定角度的转动是一个容易用肉眼观察到的物理现象，这为测量力的大小开辟了一个新的通道。利用金属丝扭转形变会产生扭力的特性，库仑在测量带电体相互作用力的实验中取得了实质性进展。

我们知道，牛顿从开普勒三定律入手，利用他自己发明的微积分得出著名的万有引力定律，其数学表达式为

$$F \propto \frac{m_1 m_2}{r^2}$$

对万有引力定律进行积分计算，可以证明密度分布均匀的球壳对其内部任一点的引力为零。

富兰克林和他的好友普利斯特里发现孤立带电金属桶的电荷均分布于外表面，内表面不存在电荷，并且放置于带电金属桶内的轻小物体不受到带电金属桶的作用，即带电金属桶的电荷对桶内物质的作用力为零，这与由万有引力定律推导出来的结论相似。由此，科学家们纷纷猜测电荷间的作用力大小与万有引力相似，也与距离平方成反比。

1785年，在前人推测和相关事实的启发下，库仑用更精确的扭秤实验对带电物体间的斥力和引力做了进一步的测定，将最小测量精度提高到5×10^{-8} N，并参考万有引力定律，用类比推理的方法得到库仑定律，其数学表达式为

$$F = k\frac{q_1 q_2}{r^2}$$

式子中的“k”被称为静电力常量。

人们将电荷间的作用力与万有引力定律进行类比，推测电荷间的作用力满足库仑定律。但当时科学家们包括库仑自己都没有办法对静电力和带电量的定量关系进行实验验证，因为当时仍无法测量电荷带电量的多少。

4.5 测量电荷

德国物理学家、数学家高斯曾对带电体的电量做了设定，相等电量的两个点电荷在真空中相距1厘米，相互作用力恰为1达因（1×10^{-5} N）时，每个点电荷的电量定为1个静电单位，由此确定电量的单位：1静电单位=$1/3\times10^{-9}$ C。

现在我们都知道电荷具备两个基本特性：量子性和遵循电荷守恒定律，其中量子性是指一切带电物体的电荷都是元电荷的整数倍。元电荷就是最小带电单位，是真实的带电物体，而不是像高斯那样进行人为分割或规定的。那么哪个才是带有元电荷的物体？元电荷的带电量到底是多少？

1834年，法拉第通过对化学电解反应的研究得到：通电电解池中，当所取的基本粒子的电荷数相同时，各电极析出物质的质量与其摩尔质量成正比。将这个法拉第电解定律与阿伏加德罗提出的“1 mol任何原子的数目都是一定的”结合起来进行推导，就可以得到电荷具有最小单位，所有带电体所带电荷应该是某一个电荷的整数倍。

1897年，英国物理学家J.J.汤姆孙通过对阴极射线的研究，发现了电子的存在，且测量出电子的荷质比。

电子通过电场和磁场叠加区，利用电场力和磁场力平衡的

关系可得

$$qE=qvB$$

电子在磁场中做匀速圆周运动，电子所受的洛伦兹力提供向心力，即

$$qvB = m\frac{v^2}{r}$$

得到

$$\frac{q}{m}=\frac{v}{rB}=\frac{E}{rB^2}$$

但这也只能得到电子的带电量与质量之比值，至于电子的带电量和质量分别是多少，均是未知。

之后，汤姆孙的学生汤森德发现某些物质电解放出的气体是带电的，带电的气体与饱和水蒸气接触就会形成云雾，云雾本身是以带电气体为核的水凝体。汤森德巧妙地将带电气体与饱和水蒸气融合形成云雾的方法，为后来测量带电体的电量提供了一个可行的平台和环境。

汤姆孙的另一个学生威尔逊，与汤姆孙一起，在汤森德带电云雾实验的基础上，发明了膨胀云室。根据小水滴下降的速度与水滴半径存在的稳定的数学关系，可得出封闭密室内的云雾的雾滴总数；而进入密室的气体总电量可用静电计测出，用气体总电量除以雾滴总数，即可得到单个带电体的电量。汤姆孙与威尔逊最初所测得以氢、一氧化碳为核的雾滴所带电量约为1.122×10^{-19} C。威尔逊因为发明用于观测带电粒子的威尔逊云室而获得1927年诺贝尔物理学奖。

威尔逊发现将进入封闭密室的气体用棉花塞等工具除去尘埃，也会出现以带电气体离子为中心的“云雾”现象，在X射

线的照射下，现象十分明显。威尔逊还发现当无尘气体离子的体积膨胀为标准状况下的1.28倍时，负离子全部可以成为凝聚核心，密室中气体离子达到100%的“云雾”化；而当无尘气体离子的体积膨胀为标准状况下的1.35倍时，正离子全部可以成为凝聚核心，密室中气体离子达到100%的“云雾”化。

封闭密室里面的气体离子均以云雾化的状态存在，就可以通过力学平衡原理列出与气体离子速度、质量、电量等相关联的公式来，最终确定物理量的数值。威尔逊将密室中的每一个气体离子雾滴进行两次力学平衡，第一次是雾滴重力与雾滴黏滞力的平衡，第二次是雾滴重力、电场力、黏滞力的平衡。威尔逊将云室内部环境和观测工具不断升级，最终他测出气体离子的电荷量约为1.023×10^{-19} C。

汤姆孙和他的学生们为测量电子的电量付出了艰辛的努力，也获得了巨大成就，当然，他们所测量的电子电量的数据与目前公认的数值虽然在同一个数量级，但从实验结果精确度上评估，相差还是较大的。

4.6 油滴实验

密立根是美国芝加哥大学物理教授，他系统地研究了汤姆孙及其团队对阴极射线、电子电量测量的成果后，1906年，他自己动手做了一次威尔逊的云室实验，所得结果与汤姆孙团队的测量结果相比略有进步，但还是与目前公认的电子电量数值差距较大。卢瑟福、盖革等建议密立根从防止雾滴蒸发方面下功夫，因为雾滴在云室内的蒸发会让雾滴的半径、重力、电量都发生变化，对实验误差的影响会比较大。如此一来，让雾滴在云室内尽量保持不动和尽量不蒸发成为密立根努力的方向。他在云室中施加一个与雾滴重力方向相反的电场力，设法让带电云雾在重力与电场力的作用下稳定不动，当把电压加到1万伏时，有少数的雾滴能够在密室中稳定地保持着平衡状态，为测量雾滴的电量创造了极好的条件，密立根称这种实验方法为“水珠平衡法”。

图4-2　密立根

密立根还要设法减少实验过程中雾滴的蒸发。1909年8月，密立根受邀参加在加拿大温尼伯召开的英国科学促进会年会，卢瑟福是数学物理分会的主席，他在会上梳理了近期物理学科发展和研究的重点和亮点，着重表扬了密立根的“水珠平衡法”和受伦哈夫特的“超细金属尘粒法”对电荷测量作出的重大贡献。卢瑟福的表扬极大地鼓舞了密立根的士气。在参加会议的一个星期内，通过对物理学前沿研究的了解以及与多位物理学家的交流，密立根经历了一次彻底的头脑风暴。在从加拿大返回芝加哥的火车上，密立根灵光一闪，自言自语道：“我怎么这么笨呢，可以把水雾换成油雾，因为油滴基本上一点也不会蒸发呀！”回到家，他说干就干，跟他的学生们一起将水雾改成油雾，实验进行得很顺利，测电子电量的“油滴平衡法”就此诞生。

因为矿物油的挥发性低，油雾在云室存在的时间远远大于水雾的不到1分钟，可达到数小时，极大增加了实验观测的时间。

斯托克斯定律指出雾滴在流体中的黏滞力F与雾滴的运动速度成正比，即

$$F=6\pi\eta rv$$

η 为流体介质的黏滞系数，r是雾滴半径，v为运动速度。

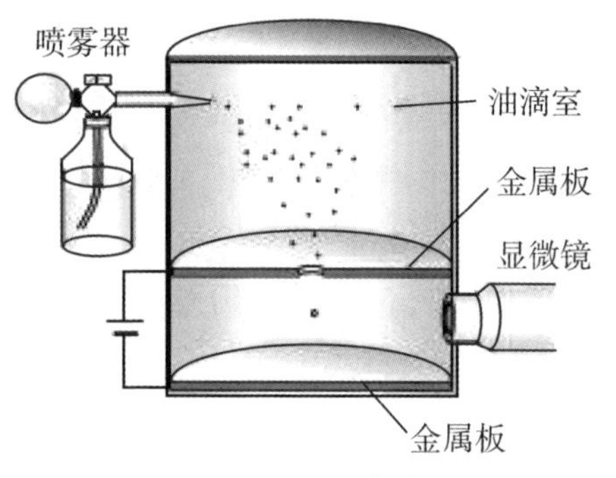

图4-3 密立根油滴实验示意图

油滴在纯重力场中运动时，油滴重力与黏滞力平衡，速度为v_1，则

$$mg=6\pi\eta rv_1$$

油滴在重力场和电场中运动时，油滴重力、电场力、黏滞力平衡，取向上运动时的速度为v_2，油滴电量为e_n。

$$Ee_n=mg+6\pi\eta rv_2$$

将e_n当成求解量，可得

$$e_n=\frac{mg}{E}\left(\frac{v_1+v_2}{v_1}\right)$$

密立根在记录油滴实验数据时，发现其中编号为“6”的油滴所得的数据最为准确，并发现在不断的运动中“6号油滴”的带电量也会有所变化。

经过对“6号油滴”的电荷量进行反复多次测量，密立根获得“6号油滴”所携带电量的一连串数据。

以10^{-19} C为单位来记录，“6号油滴”所携带电量如下：29.87、39.86、28.25、29.91、34.91、36.59、28.28、34.95、39.97、26.65、41.74、30.00、33.55。由上述数据我们知道，“6号油滴”所带电量比电子电量大了很多，这是因为每次运动“6号油滴”所带的电量并不是单一电子的电量，而是多个电子的电量。而这些数据之间存在什么规律，乍一看确实也不易分辨。

但是，如果我们将这些数据依次每两个间取个“差值”，“差值”就是每一次运动油滴上的电荷的变化量。

如39.86−29.87=9.91；28.25−39.86=−11.61；29.91−28.25=1.66，依此类推，得到5.00、1.68、−8.31、6.67、5.02、−13.32、15.09、−11.74、3.35。从这些差值数据，密立根发现电荷量的变化几乎都是同一个数字的整数倍，这个数字是“1.63”。

密立根立刻意识到1.63×10^{-19} C是最小的单位电荷，是1个质子或1个电子的电荷量。1909年12月至1910年5月，密立根和他的团队做了近两百颗不同的油滴的电荷测量实验，最后他们满怀信心地对外宣布：所有情况下，液滴从空气中捕获的电荷都是最小电荷的整数倍。经过对实验的多轮升级，不断完善实验细节和减少实验误差，密立根于1913年公布了他测定的元电荷值：

$$e=(4.774 \pm 0.009) \times 10^{-10}\text{静电单位}$$

将静电单位换算成“库仑”，即为

$$e=(1.5897 \pm 0.0029) \times 10^{-19}\ \text{C}$$

在密立根实验之后，人们又做了许多测量，现在公认的元电荷e的值为

$$e=1.602176634 \times 10^{-19}\text{C}$$

4.7 密立根油滴实验的重要价值

高超物理实验的核心价值是创造新方法和提出新思想，测定元电荷电量的密立根油滴实验正是在自我突破的过程中，创造了一系列的实验新方法，提出了新思想。密立根油滴实验

并不直接测量出每个单一电子的电荷大小，而是通过油滴向上和向下运动时受到的重力、黏滞力、电场力的平衡来确定油滴的电荷量。密立根分析油滴电荷量数据发现，所有油滴的电荷量几乎都呈现为某一个固定数值的整数倍，于是大胆地确定这个固定数值即为最小带电单位的电荷量，最终确定了元电荷的值，为量子力学的发展奠定了基础。

密立根油滴实验中将微观量测量转化为宏观量测量的巧妙设想和精确构思，以及用比较简单的仪器，测得比较精确而稳定的结果等都是富有启发性的。物理学中还有诸多物理量都不能直接测量，同样需要通过精巧的实验设计来进行间接测量，如用放大法测物体的微小形变、用转换法测热敏电阻的阻值、用模拟法测量静电场电势分布等。密里根以其求实、严谨、细致、富有创造性的实验作风成为物理学界的楷模，同时也激励着我们向这样的大师学习。

5

静电力常量

$k=9.0\times10^{9}\ \mathrm{N\cdot m^{2}/c^{2}}$

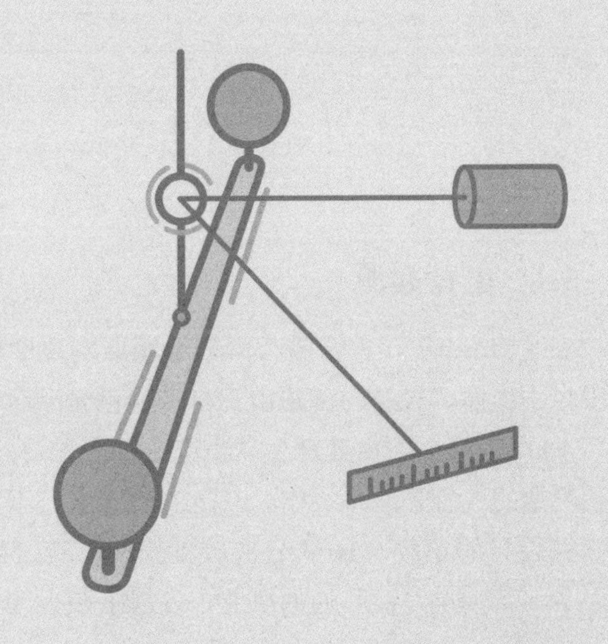

虽然我和你远隔万里，

但我们的思绪交织在一起。

就像电流计的回路和指针那样，

你的思绪始终萦绕在我的心里。

像丹尼尔一样永恒，

像格罗夫一般强壮，

又像斯米那样热情奔放。

我心中涌出爱情的潮水，

它们又都流到你的身旁。

啊，请告诉我，

当电文从我的心头发出，

在你身上感生出什么样的电流？

你咔哒一声就会消除我的苦恼。

韦伯穿过一个又一个的欧姆，把回音带给我……

我是你忠实而又真诚的法拉，

充电到一个伏特，表示对你的爱。

——麦克斯韦

5.1 电荷起源

公元前600年，古希腊哲学家泰勒斯发现摩擦过的琥珀会吸引轻小物体。光亮的琥珀由于自带黄色光泽而被称为“琥珀金”（electron），由此产生“电”（electricity）一词。我国春秋时期的《管子》一书中，“上有磁石者，下有铜金”是关于磁石较早的记载。16世纪末17世纪初，英国御医吉尔伯特开展了一系列电与磁特性的研究，发现了磁力除了具有吸引力外，还具有排斥力。

起初，电现象由于电荷太少而在生活中很难察觉对应的直观现象，这使人们对电荷及电现象的研究一直处于盲人摸象的状态。直至17世纪德国工程师格里凯发明并改进了摩擦起电机，使其可持续产生较多的电荷，极大地促进了与电荷相关实验的开展。18世纪中期，荷兰莱顿大学教授马森布罗克发现了能存电的瓶子（莱顿瓶），这使得欧洲兴起了电学实验和电表演的热潮，大批人以此为生。

同一时期，电学实验也引起了远在美洲的政治家、科学家富兰克林的兴趣，他明确提出了正、负电荷的概念以及电荷守恒原理，总结了电流与闪电在12个方面的一致性，他的风筝实验证明了闪电与地面上的电荷的属性是一致的。至此，电学现象的定性研究取得了丰硕的成果，进入定量研究的时机已然成熟。

5.2 电荷间的作用力

科学家们从牛顿的万有引力定律出发，猜测电荷间的相互用力是否也会服从距离平方反比定律。其中，找到实验依据的是英国科学家普里斯特利，他受到好朋友富兰克林的启发：处于金属球盒外的带电软木小球受电力作用，而处于球盒内的同一小球则几乎不受电力作用。这一特性与“均匀球壳对处于其外的物体有引力，而对处于其内的物体没有引力”的现象一致。

第一个通过定量实验验证电力的平方反比定律的是英国爱丁堡大学的约翰·罗比逊教授。1769年，他通过实验测量电斥

力与距离r的关系为：

$$F_{斥} \propto \frac{1}{r^2}$$

但是由于成果未及时发表，以至于人们最终是通过库仑认识的电力规律，他错失了名垂千古的大好机会。

卡文迪什受普里斯特利的启发，于1772年通过两个导通的同心金属壳实验，明确金属导体内表面电荷为零。由此，卡文迪什通过数学方法推导出了带电球壳内表面带电量，与充电总量、球壳内外半径之间的关系，论证了比库仑的实验结果更加精确的平方反比定律，并给出了静电力公式。卡文迪什在热学、气象学、电学以及磁学等学科都有前瞻性的研究，但是其自身极度内向的性格，使他仅专注于实验与科学的探索过程，并未将思想成果发表于世。

法国科学家库仑在研究材料的摩擦中首先发现了摩擦力和正压力之间的关系，在研究毛发与金属丝的扭转弹性过程中，发明了“扭秤”装置。这套装置给出测量极小力的方法，时至今日仍作为优秀实验装置而被写进教科书。

库仑设计了图5-1所示的电斥力扭秤装置：银质悬丝下端挂一绝缘横杆，一端小球A带电，另一端小球B不带电，两球处于平衡状态。把与A球带同种电荷的小球C置于容器中，并靠近A球，两球间的斥力使悬丝扭转，通过扭转角度获得电斥力与距离的关系：电斥力与距离平方成反比。然而，电荷间的斥力可以用上述静力学方法测量，但电荷间的吸引力却难以使

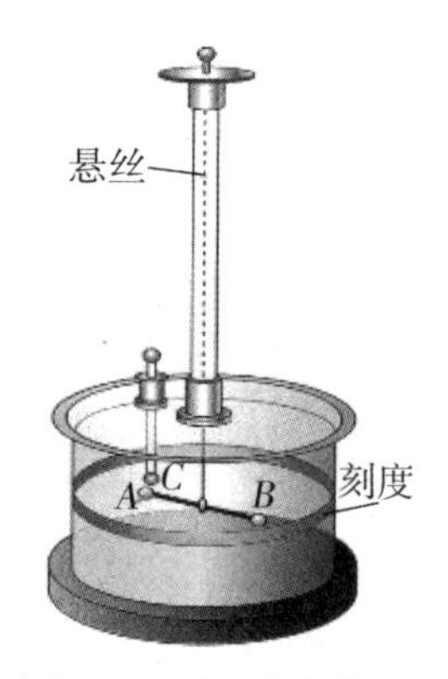

图5-1　电斥力扭秤

用该方法进行测量。1787年库仑受万有引力单摆的启发，发明了如下图所示的电引力单摆装置，获得了电引力也与距离平方成反比定律，即

$$F_{引} \propto \frac{1}{r^2}$$

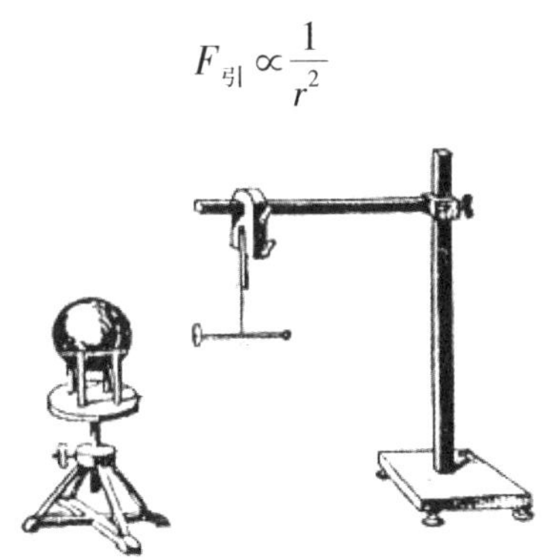

图5-2 电引力单摆

至此，电荷间的相互作用力与距离关系就已明朗，但那个时期人们对“电是什么”的认识还很模糊，甚至“电量”的概念都是高斯依据库仑定律反过来定义的。因此，库仑还无法精确测量物体的电荷量，但他以极大的智慧，设想将一个带电的金属小球，去接触另一个不带电的相同金属球，分开后两球带电量应为原带电小球的一半，并依此类推，巧妙地获得了一系列电荷量成倍数关系的小球，他通过这些带电小球做实验，探究出电力关系应与带电量的乘积成正比，即

$$F \propto Q_1Q_2$$

由此，库仑依据牛顿的万有引力定律的一般表述形式，提出了他著名的库仑定律：电荷间的相互作用力与其距离r的平方成反比，与两者的带电量的乘积成正比。

$$F = k\frac{Q_1Q_2}{r^2}$$

其中，Q_1、Q_2为电荷量，k为比例系数。此后对于k的确切数值的探索，经历了一个漫长的人为规定—实验测量—理论计算的过程，而引入有理化因子4π的静电力常量$k=\frac{1}{4\pi\varepsilon_0}$，也是一起历经波折才最终得以确定。

5.3　单位制的大统一

物理学史上，静电力常量的确立过程，伴随着对真空中的介电常数的认识和发展。丹麦科学家奥斯特关于电流磁效应的发现彻底地将电与磁密切地联系起来，人们才发现了另一个与介电常数密不可分的物理量——真空中的磁导率μ_0，这个小小的数字，源于电磁学计量单位及其基准的发展。

在物理学中，科学实验之后的计量问题，不可避免地涉及单位的制定。这是因为定律主要依赖于物理实验，而单位是在实验之后为了描述相应的物理现象、过程并定量地表述它们而人为规定的。19世纪之前，电学与磁学测量都是独立发展起来的，它们有各自的单位系统，包括库仑在内的大部分科学家都相信电与磁并无联系。奥斯特一直深信电与磁一定存在内在关联。他在课堂上给学生做演示实验时偶然发现通电导线下面的小磁针发生了微小的跳动，这个现象马上引起了他的注意。奥斯特随即停止了上课，跑到实验室将他认为可能干扰实验现象的因素尽量清除，经过再次实验他发现在导线通电的瞬间，放置在下方的小磁针的确会偏转。终于，奥斯特找到了他一直坚信的电与磁之间的关联。通电导线周围存在着磁场这一结论，建立起电与磁的统一，掀起了人们对电磁学研究的热潮。随后，安培发现了电流之间的相互作用力公式，法拉第也提出了著名的电磁感应定律公式。

至此，电磁学有了显著的发展，但是单位和标准还是很不统一，电磁现象中的物理量单位制定门派繁多，有15种之多，这不可避免地引起了混乱。人们迫切需要把关联的物理量单位归一在同一种逻辑体系内，建立统一的单位制。1832年，高斯提出所有的电磁学物理量都可以根据三个力学基本物理量单位：时间、长度和质量的单位而导出，由此发展出的单位体系称为绝对单位制。

安培在描述两平行电流之间作用力时列出电磁制的第一方程：

$$F=\mu\frac{I_1I_2}{d}L$$

F为电流间的相互作用力，μ为比例系数，L为导线长度，d为两根导线间的距离，I_1、I_2为电流强度。令$\mu=1$，定义电流I的单位为“毕奥”：相距d为1“厘米”的两个相同大小的电流I，当每厘米导线间的相互作用力F为1“达因”时，电流的大小为1“毕奥”[①]。再依据电流的定义式$I=\frac{Q}{t}$，就可将绝对静电制与绝对电磁制两种单位体系联系起来，而且人们发现当把相同的物理量单位进行换算统一后，两种体系中的比例系数ε_0及μ_0满足关系：$\varepsilon_0\mu_0=\frac{1}{c^2}$，其中$c$为常数等于$3\times10^8$ m/s。

---

① 显然这个电流单位是为了纪念法国科学家毕奥而命名的，1820年毕奥与萨伐尔通过实验和理论分析，推导出了电流元在空间中任意一点产生的磁感应强度的公式，就是著名的毕奥-萨伐尔定律。

1855年韦伯与科尔劳施利用冲击电流计和库仑扭秤，测量出了公式中的常数$c=\frac{1}{\sqrt{\varepsilon_0\mu_0}}=3.1074\times10^8$ m/s，这与菲左于1849年测量出的空气中的光速3.1458×10^8 m/s非常接近，但他们认为这只是一个巧合，并未将两者联系起来。因此，在绝对静电制中，是令$\varepsilon_0=1$，则$\mu_0=\frac{1}{c^2}$；而绝对电磁制中，则是令$\mu_0=1$，所以$\varepsilon_0=\frac{1}{c^2}$。

5.4 静电力常量的推导

麦克斯韦将常数c与光速联系起来，由此提出了光的电磁波理论。他受到法拉第关于电与磁的力线思想和场观念的影响，致力于用简洁的数学方程将电磁场表示出来。麦克斯韦首先把法拉第的磁力线类比于流体力学中的不可压缩的流体，把流量的连续性方程中的数学工具迁移到空间电磁场中，构建电磁场方程，并建立电磁以太模型。麦克斯韦和法拉第一样，都认为电荷与电流不是任何一种客观存在的实体物质，而仅仅是传递电磁作用的媒介物的某种运动状态和表现形式，他提出“以太”作为电磁的载体，变化的电磁场以波动的形式在空中传播。以如今的视角来看，“以太”的思维虽有局限，但并未影响麦克斯韦关于电磁波动思想的构建以及数学方程的建立，他抓住了电磁现象的本质特征，概括了电磁场的运动特征并建立了电磁场方程。

图5-3　麦克斯韦

麦克斯韦用麦克斯韦方程组，结合横波在弹性介质中传播的速度公式，找出了电磁以太的切变模量m、密度ρ与真空中的介电常数ε_0、磁导率μ_0的关系，由此计算出了在电磁以太中电磁波的传播速度:

$$c=\sqrt{\frac{m}{\rho}}=\frac{1}{\sqrt{\varepsilon_0\mu_0}}$$

麦克斯韦结合其他科学家的实验测量数据，发现公式与数据惊人地一致，由此断定“光是介质中起源于电磁波现象的横波”，预言了电磁波的存在，并指出光是一种电磁波。麦克斯韦的电磁场理论思想太具颠覆性，并且方程式晦涩难懂，在相当长一段时间内并未被人们接受，直到1888年，德国物理学家赫兹成功在实验中发现了人们期待已久也怀疑已久的电磁波，瞬间震动了整个物理学界，这才使得电磁场理论终获物理界的公认。

至此可知，绝对单位制中，人为地规定真空中的介电常数$\varepsilon_0=1$或磁导率$\mu_0=1$是不符合实际的，两者满足客观存在的方程$\varepsilon_0\mu_0=\frac{1}{c^2}$，并不会因为单位制的不同而变化，因此有必要对绝对单位制进行修改。科学家提出，绝对单位制中把电磁学现象归纳为力学是行不通的，企图把电磁学单位还原为力学单位也是不可行的，必须在三个力学基本单位之外，增加第四个关于电磁学的基本单位。经过一段时间的探讨，科学家们认为电流本质上是独立于力学量的物理量，而依据安培定律，又可将电磁力转换为机械力。因此经过慎重选择，电流的单位——安培（A）成为第四个基本单位。

1946年，国际电工委员会依据后来修正过的安培定律方

程 $F=\mu\frac{I_1I_2}{2\pi r}L$ ，直接用电流之间的力效应规定了电流强度的单位：真空中相距1米，具有等值电流强度，截面积忽略不计的两平行无限长直导线，如果单位长度导线受到的安培力为 2×10^{-7} N，则每根导线中电流强度为1 A（安培）。电流单位一经确定，其他电磁量单位就必须在基本单位框架内依据相关的公式逐步导出。

有了电流的单位后，反过来可以确定真空中的磁导率 μ_0 的大小和量纲，获得 $\mu_0=4\pi\times10^{-7}$ N/A^2，其中，引入的"4π"因子（有理化因子），使一些实际中常用的电磁学公式得到简化；引入"10^{-7}"因子，是为了使电流强度的单位接近实际使用大小。这样一来，静电力常量不再需要用实验方法通过库仑定律的表达式计算得出，而是只要知道电磁波的传播速度，便可由 $\varepsilon_0\mu_0=\frac{1}{c^2}$ 计算出真空中介电常数 $\varepsilon_0=8.85\times10^{-12}$ C^2/（N·m^2），再由 $k=\frac{1}{4\pi\varepsilon_0}$ 即可计算得出静电力常量 $k=8.99\times10^{9}$ N·m^2/C^2。

综上，静电力常量不再是通过库仑定律的表达式测量出来的，而是通过定义计算出来的一个常量，完美地体现了电学与磁学的独立与统一。

5.5　静电力常量的特殊引领价值

静电力常量并不是像引力常数那样直接通过扭称实验测量而得，而是在统一描述电场和磁场的各物理量单位的过程中得出的一个无误差常量，是一个推导出来的物理常量，其得出过程特别像小学数学中的鸡兔同笼问题。

“有若干只鸡和兔同在一个笼子里，从上面数，有35个头，从下面数，有94只脚。问笼中鸡和兔各有多少只？”鸡、兔的头均为一只一个，而脚则不然，鸡为两只脚，兔为四只脚，用同质和异质的特性建立起问题的链接，列出二元一次方程即可解出鸡、兔各有多少。电荷与电荷之间的作用力和磁铁与磁铁之间的作用力是同一属性的，都应该是以力的单位来表达，即“牛顿（N）”，两带电物体之间作用力可规定为“多少带电量的两个电荷在相距多少距离的情况下产生的电场力为1 N”。同样，两磁铁之间的作用力也可规定为“多大的磁铁在相距多少距离的情况下产生的磁场力为1 N”。电场与磁场之间如果不发生深度关联，彼此井河不犯也相安无事。但偏偏以奥斯特为先驱的物理学家们逐步发现了一个事实：电磁一体，本属同类。

就像分布在中国不同地方的同一姓氏，家族在进行家谱编撰的过程中就得从源头找起：家族是哪个朝代从哪个地方迁徙过来的，同宗同门的宗亲分别分布在哪些地方，各地方的宗亲辈分是如何排布的，不同区域之间的长尊常伦如何确定……这些问题都要横向对比，不能单单延续某一家的纵向传递和发展。类似地，以横向关联建立电磁体系的过程就必须将电场和磁场在运动与力、动量与冲量、功能关系等层面做全面统一的描述。如前所述，1865年麦克斯韦预言了电磁波的存在，并用数学方法推导出电磁波的传播速度等于光速，揭示了光现象和电磁现象之间的联系，代表静电场的真空介电常数ε_0和代表磁场的μ_0与光速c之间有着深层的内在联系。麦克斯韦为了用一种通用的方程将电磁规律都涵盖进去，他对电场和磁场的描述规则做了改进，摒弃了高斯制，引入“国际单位制体系”，

创造了除质量单位、长度单位、时间单位之外第四个基本单位——电流强度的单位：安培（A）。后续人们又由时间单位与电流单位推导建立物质的带电量单位“库仑（C）”，即“1 C=1 A·s”，以及其他与电磁描述相关的物理量及单位，从而用理论的方法导出了静电力常量数值。时至今日，我们是可以通过实验方法测出静电力常量的，也通过光速数值不断的趋向理论标准而使静电力常量的数值更加“准确”。回望历史，静电力常量经历了人为规定、实验测量和理论计算的三个发展过程，时间跨度长达两个世纪，成千上万的研究者为之奋斗和努力，这见证了科学与人类发展的相互促进，以及人类尝试描述自然规律的曲折道路并最终取得胜利的光辉历程。

6 玻尔兹曼常量

$k = 1.380658 \times 10^{-23}$ J/K

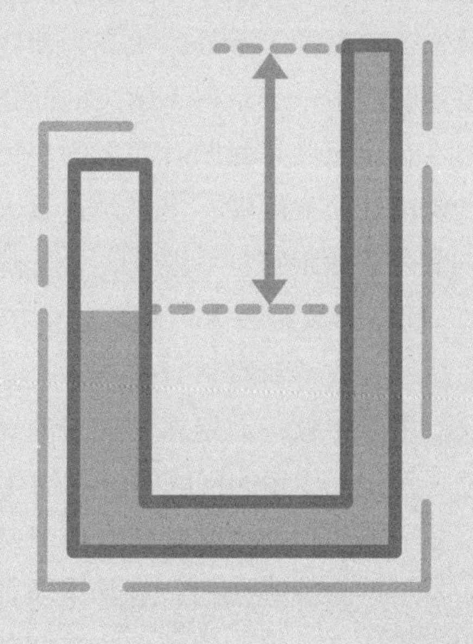

难以置信的是：结果一旦被发现后，是如此自然、简明；而发现的路途却漫长而艰辛。

——玻尔兹曼

6.1 概率统计学

任何一个大动作当中包含着大量的小动作，而每一个小动作当中又包含着极大量的微动作。比如扯断一根粗绳子（大动作），组成粗绳子的每根纤维也会被扯断（小动作），组成纤维的分子（原子）因间距增大而相互分离（微动作）。如果被扯断的粗绳子要重新原样“接回”，则需要参与其中的令人难以置信的极大量分子（原子）同时达到与未扯断前完全一样的状态。可能还是不可能呢？可能，但概率为零。

如果将绳子未被扯断前其内的极大量分子（原子）所处的状态选定为有序态，则在外界因素影响下，绳子被扯断后其内的极大量分子（原子）所处的状态为无序态。如何测量两种状态间的差异就成了一个不得不解决的问题，因为只有测量出差异，我们才有让无序态回归有序态的努力方向。测量微观粒子的差异，要用什么方法呢？用显微镜放大，在三维坐标系中一个分子一个分子地跟踪？室温下，分子热运动的平均速率约为400 m/s，且分子数量极大，加之它们的运动毫无规律，所以上述想法是万万做不到的。

当我们用以牛顿运动定律为代表的经典力学体系无法处理极大量分子间相互作用的问题时，我们就需要一个新的角度。

单个分子热运动速度的具体数值只是在一个与温度相关的范围内，是不可精确预知的，且其运动方向也是随机的。但对大量气体分子而言，它们的速率分布却遵从一定的统计规律。

麦克斯韦发现气体分子的速度分布是有规律的，玻耳兹曼由碰撞理论严格推导出了麦克斯韦速率分布律的函数表达式。对分子运动只有运用统计概率来描述才是有效的。

6.2 温度的测量

人们对热现象最早的认识只是一种感性表述，如“近水则寒，近火则温”“寒不累则霜不降，温不兼则冰不释”等一些人体对冷热的感知。

为了更准确地把握冷热程度，需要将温度进行量化处理，人们就发明了温度计以及各种衡量温度的标准，简称温标。人们根据物质的热胀冷缩效应，把在热胀冷缩现象中表现得很稳定且容易收集、处理的液体装入细管中制成温度计，温度改变时液体体积会变，进而使其长度发生改变，以其长度改变的多少来衡量温度变化的多少。

1724年，德国物理学家华伦海特通过对比和观察定义了华氏温标（°F）：他将一定浓度的盐水凝固温度、人体在正常状态下的温度分别规定为0°F和100°F，并将这两个温度之间分为100等份，每一等份表示1华氏度，用符号°F表示。

同样的，1742年瑞典天文学家摄尔修斯制定了“摄氏温标”：把标准大气压下水的凝固点、沸点分别定义为0 ℃、100 ℃，将其间分成100等份，每一等份即为1 ℃。现在大多数国家采用的是摄氏温标，它与华氏温标之间的数量关系是：华氏度=32°F+摄氏度×1.8。

如0°F≈−17.8 ℃，0 ℃=32°F，100 ℃=212°F。

温度计的发明使得人们可以不分地域、不分对象、不分环境的给出温度高低的同一个量化标准，意义非凡。

6.3 气体状态方程

在温度计发明之前，人们对空气已有一定的认识和研究，但也只能停留在定性研究的层面。有了测量物质温度的仪器后，人们就开始了对热现象进行定量的研究。因为气体受温度的影响比较明显，当温度变化时气体的体积、压强等会有明显的变化，很容易观察。因此有人制作了一个黄铜气缸，中间装有活塞，用活塞往下压缩缸内的空气，当松开活塞后，活塞往上回升，但无论隔多长时间，活塞都不能完全弹回起始位置。因此，科学家认为空气并不存在弹性，压缩过后空气维持着轻微的压缩状态。

玻意耳认为活塞之所以不能完全弹回来，是因为活塞与黄铜气缸内壁的摩擦太大。但如果活塞稍松，四周就会漏气，影响实验。所以玻意耳采用水银当活塞，水银“活塞”不会因为摩擦而影响实验结果。他用水银将空气封闭在“U”形玻璃管里面，“U”形玻璃管一边又细又长，顶端开口，另一边又短又粗，顶端密封，长边比短边高出3英尺多。在同一温度下，他不断地向长玻璃管中滴加水银，以增加封闭气体的压强。玻意耳发现：压强越大，气体的体积越小；若将后滴加的水银排出去，水银柱会重新回到实验开始时的高度，封住的空气也回到它当初的体积，由此证明空气是具有弹性。

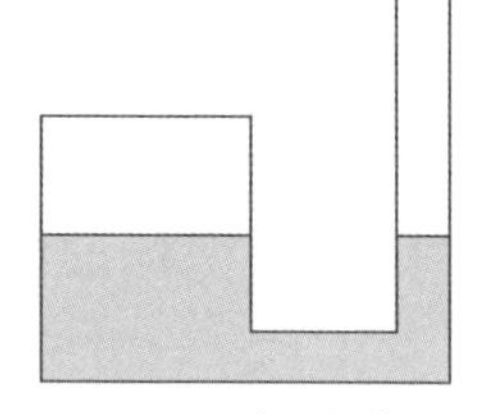
图6-1 实验装置

1662年，玻意耳用玻璃活塞继续实验，发现了很多值得注意的事情。当他向堵住的空气施加双倍的压力时，空气的体积就会减半；施加3倍的压力时，体积就会变成原来的1/3。当受到挤压时，空气体积的变化与压强的变化总是成反比。他创建了一个简单的数学等式来表示这一比例关系："一定量的气体在密闭容器中，温度不变时，气体的压强和体积成反比关系。"这是人类历史上第一个以方程形式描述两个物理量间关系的"定律"。

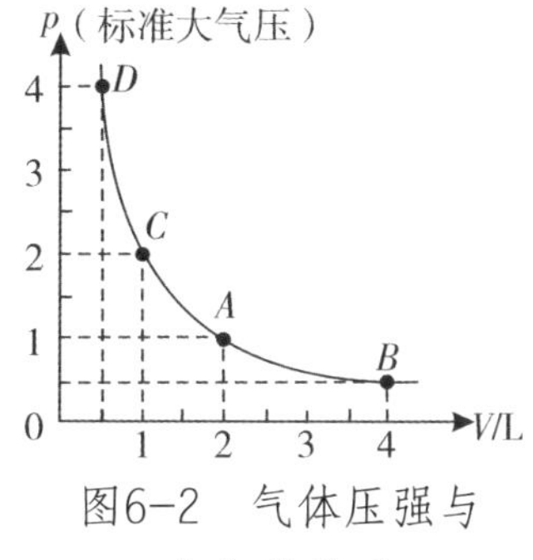

图6-2　气体压强与体积的关系

$$p \cdot V=C$$

1785年，法国科学家查理发现：一定量的气体在密闭容器中，体积不变时，压强随温度t线性地变化，即

$$p = p_0\left(1 + \frac{t}{273}\right)$$

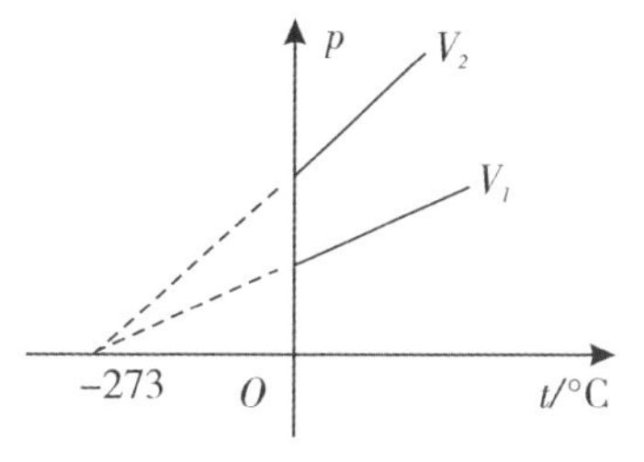

图6-3　气体压强与温度的关系

1802年，法国科学家盖-吕萨克发现：一定质量的气体，当压强保持不变时，体积随温度t线性地变化，即

$$V = V_0\left(1 + \frac{t}{273}\right)$$

同一年，道尔顿发现：混合气体的压力等于各成分的分压力之和。

图6-4　盖-吕萨克

阿伏加德罗发现：同温同压下，相同体积的任何气体含有相同的分子数。在t=0 ℃和一个标准大气压下，1摩尔任何气体所占体积均为22.4升，所含分子数均为6.02×10^{23}个，所以人们将$6.02\times10^{23}\ \mathrm{mol}^{-1}$称为阿伏加德罗常数（详阅第三章）。

因为组成物质的基本单元是原子、分子、离子、电子或这些粒子的特定组合，所以阿伏加德罗定律可推广为：1摩尔任何物质所包含的基本微粒数都等于阿伏加德罗常数。

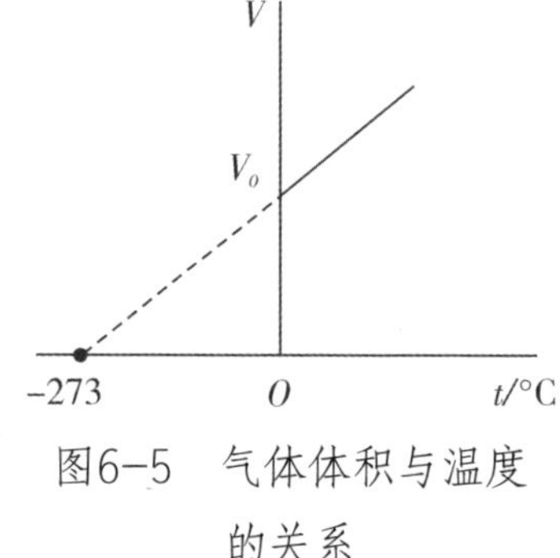

图6-5　气体体积与温度的关系

数位科学家历经100余年提出的这5个气体实验定律让我们对气体的认识从宏观向微观过渡，由单一向多元转换，由现象到本质延伸。

6.4　热力学温标

查理定律和盖-吕萨克定律的图象中，线性函数图象与横坐标的交点均指向一个数值，即“-273 ℃[①]”。盖-吕萨克定律表明，一定量的气体在压强不变的情况下，体积越小代表其温度越低。而这些气体的体积是有一个下限的，那么温度也应该存在一个对应的下限，根据函数图象求出图象与温度轴的交点数值是-273 ℃，此时气体的体积也对应为最小值。当然这显然是不可能的，所以-273 ℃也是不可能达到的，只是一个理论存在而事实并不能达到的温度点。

英国科学家开尔文想定义一个以-273 ℃为零度（绝对零度）的温标，那么只需要再取一个对照温度，就可以确定该温标的计算标准了。前面介绍的华氏温标和摄氏温标都选了水的凝固温度作为一个对照温度，但人们发现在不同的外界条件下，水的凝固温度也是不一样的，有没有一种物质状态是处于

① 精确数值约为-273.15 ℃，但为叙述及计算方便，本书中统一近似取-273 ℃。

与外界条件无关的温度值呢？后来人们发现水的三相点的温度特别稳定。水的三相点是水的固态、液态和气态能共存时的温度，说通俗一点就是带有冰的水的沸腾状态。你一定想说：“水的沸点100 ℃，水的冰点0 ℃，怎么可能同时共存呢？”但这其实是可能的，水的沸点与压强有关：在常压下水的沸点是100 ℃，而在高压锅内水的沸点就可达到110 ℃以上，锅内的食物就容易煮熟，所以在西藏等高原地区高压锅是居家必备用品。按照这个思路，我们不断降低压强，就可将水的沸点变为0 ℃。如此一来，将-273 ℃定为绝对零度（0 K），水的三相点温度定为273 K，然后再将其间等分为273份，这样确立出来的温标，我们称之为绝对温标，也叫热力学温标。绝对温标是以理论为基础而确立起来的一个温标体系，与华氏温标和摄氏温标的以测温介质为基础有本质区别。华氏温标和摄氏温标给出了人们一种测量温度的手段，绝对温标则可以从理论上解释为什么可以这么做。

热力学温标（T）的单位是“开尔文”，简称“开”，符号为K，以纪念开尔文对此工作的贡献。作为单位的“开尔文”已经成为物理学的七个基本单位之一。[①]

热力学温标与摄氏温标的数量关系：$T=t+273$ K。

例如：0 ℃=273 K，27 ℃=300 K。

6.5　热功当量

有人曾提出热是一种“燃素”，是一种物质，是物质各部分激烈的运动。直到18世纪科学家才明确热量与温度是不

① 详见《物理学中的七个基本量》第五章。

同的，人们发现用铁钎钻孔时铁钎会变得很烫，故意识到摩擦可以生热，因而断言热不是物质而是来自运动。英国科学家戴维在0 ℃的真空容器中把两块冰块进行摩擦，发现两块冰可以熔化成水，他认为这种摩擦过程中有力做功引起物体微粒的振动，而这种振动就是热，冰吸收热之后就熔化成水。由此大家形成统一的认识，热现象就是分子运动的宏观表现，热能是分子运动时所对应的能量。

“卡路里（cal）”是人们在探寻物体所含的热量多少时引入的一个表述单位，1 cal表示在1个标准气压下，将1 g水提高（或降低）1 ℃所需要吸收（或放出）的热量，由水的比热容数据可知，1 cal=4.2 J。

科学家研究的物质热量与气体动理论的发展是彼此隔绝的，两者分别与动力学有关联。法国科学家卡诺发现热从高温物体移到低温物体是自发的，且可以产生动力。

英国物理学家焦耳通过实验证明，当物体所含的机械能转换为热能时，整体能量会保持不变。在这个基础上逐渐发展出了物理学基本定律之一“能量守恒定律”，焦耳是主要的贡献者。

焦耳在量热器中安装一个带桨叶的转轮，转轮的手柄上绕两条细线，相距一定距离安置两个定滑轮，跨过滑轮挂有已知质量的重物。重物下降时带动手柄旋转，使桨叶搅拌量热器中的水。从量热器中的温度计的示数

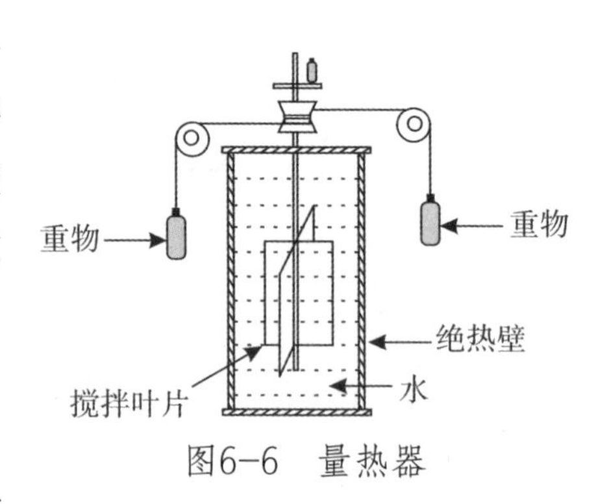

图6-6　量热器

变化可以算出水的热量增加量，从重物质量和下落的高度可算出机械功。

焦耳根据实验数据得到如下结果：能使1 lb（1 lb≈453.6 g）的水温度升高1 °F的热量等于把838 lb重物提升1 ft（1 ft≈0.30 m）的机械功，即838 lb · ft相当于1135 J，由此得到的热功当量等于4.511 J/cal。焦耳历经35年，对桨叶搅拌法和铸铁摩擦法进行了多达四百余次的实验和修正，最终将热功当量的值确定为4.154 J/cal，此值相对于现今的标准值4.167 J/cal的误差只有不到1%。

6.6 理想气体

物质的热现象是由物质内部大量分子的运动引起的，这只是一个定性的描述，想要确定物质温度与物质内部大量分子运动的量化关系，需要从更多的角度来认识。

气体的状态在温度变化时会发生明显的宏观变化，如体积、压强、密度等，这些明显的变化观察起来相对比较容易。

液体密度数量级为10^3 kg/m^3，气体密度的数量级为1 kg/m^3，前者比后者大1000倍，所以在气体中分子之间的平均距离比液体中大$\sqrt[3]{1000}=10$倍。液体中分子间的距离与分子的直径相当，而气体分子之间的距离比它们的直径大得多。由于分子间的相互作用随距离很快的递减，在这样大的距离上几乎可以忽略不计，所以气体分子可以近似看作互不干扰的质点。

在对气体分子相互作用进行定量研究前，需要以唯物辩证法为指导，去次取主，设置一种基于常态又去除非核心因素的气体状态，我们称为“理想气体”。

从微观上讲，理想气体是满足下述条件的气体：

（1）组成气体的微观粒子都是质点，并遵从牛顿力学规律；

（2）粒子之间除碰撞瞬间外无相互作用；

（3）粒子之间的碰撞及粒子与容器壁之间的碰撞都是弹性碰撞，即不存在能量损失。

满足理想气体条件时，将玻意耳-马略特定律、查理定律、盖-吕萨克定律进行综合，再利用阿伏加德罗定律（同温同压下，相同体积的任何气体含有相同的分子数），我们可以将气体描述参量p、T、V合成一个方程式，即表示理想气体在平衡态下各状态参量之间关系式的理想气体状态方程。

由气体实验定律可得到一定质量的理想气体在两个平衡态参量之间的关系式为：

$$\frac{p_1V_1}{T_1}=\frac{p_2V_2}{T_2}$$

在标准状态下（p_0=1 atm，T_0=273 K），1 mol任何气体的体积为$V_m=22.4\times10^{-3}\ m^3$。

以标准状态为初态，对物质的量为n的理想气体而言，气体状态变化后的状态方程式为：

$$\frac{pV}{T}=\frac{p_0V_0}{T_0}=\frac{n\,V_mp_0}{T_0}$$

取$\frac{V_mp_0}{T_0}=R$，因标准状态下的p_0、T_0、V_m均为已知量，容易得到

$$R=8.314\ J/(mol\cdot K)$$

由此得到理想气体状态方程：$pV=nRT$，其中n和R都是与气体种类及状态无关的量。

为叙述及理解方便，我们不妨将复杂的气体分子热运动简化为以下过程进行思考：

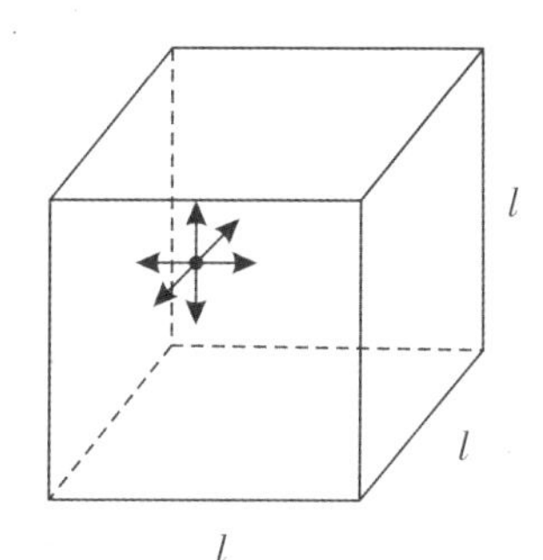

图6-7 立方体空间内分子可能的各方向运动

一边长为l，体积为$V=l^3$的立方体容器中气体分子总数为N，所有分子都在以相同大小的速度进行热运动[①]，即每个分子质量均为m，热运动速率均为v；因为所有分子在立方体内向上、下、前、后、左、右各个方向运动的概率均相等，则在$t=\frac{l}{v}$时间内，会有$\frac{N}{6}$个分子全部撞击到某个方向（如上侧）的容器壁上；所有碰撞均为弹性碰撞，则每个气体分子在撞击容器壁过程中的动量改变量大小为$2mv$；对$\frac{N}{6}$个撞到同一容器壁的所有分子使用动量定理可得$F\cdot\frac{l}{v}=\frac{N}{6}\cdot 2mv$，整理并代入压强的定义式$p=\frac{F}{S}$可得$p=\frac{2}{3}\cdot\frac{N}{l^3}\cdot\frac{1}{2}mv^2=\frac{2}{3}\cdot\frac{N}{V}\cdot E_K$，其中$E_K=\frac{1}{2}mv^2$为分子热运动的平均动能。而温度是分子热运动的平均动能在宏观层面的表征，可以认为分子热运动的平均动能正比于热力学温度，即$E_K=\frac{1}{2}mv^2=KT$。将其代入压强的表达式并整理，则可得$pV=\frac{2}{3}NKT$。而分子总数N与气体物质的量n的关系

① 需要再次强调的是：分子热运动实际上是无规律的，即每个分子的速度大小、方向都可能是不同的，这里只是将问题简化处理为每个分子的速率都相同。

为$N=n \cdot N_A$，所以又有$pV=\frac{2}{3}nN_AKT$，对比上节得到的理想气体状态方程$pV=nRT$，则最终可得$K=\frac{2}{3} \cdot \frac{R}{N_A}$。把$R$和$N_A$这两个普适常量之比写作$k$，就得到一个更重要的常量——玻尔兹曼常量$k=\frac{R}{N_A}=1.380658 \times 10^{-23}$ J/K。

值得注意的是，虽然我们的推导过程是以理想气体为研究对象，但玻尔兹曼常量是针对所有物质的所有状态都适用的一个量，可以将其理解为：物体在宏观层面的温度每升高或者降低1 K，其内部各分子在微观层面热运动的平均动能增加或减少1.38×10^{-23} J。当然，这种理解并不严谨，但也足以见得玻尔兹曼常量在定量描述宏观的温度与微观的分子热运动方面的重要作用。

玻尔兹曼常量是描述热力学系统中的微观粒子行为的普适常量，是热力学与统计物理学中的基本常量，其重要性远远超出气体的范畴。

6.7　玻尔兹曼常量的本质内容

通过对理想气体状态方程的分析，我们可以将描述热运动的微观量与宏观量联系起来，建立这一联系的就是玻尔曼兹常量k，也可以用与玻尔兹曼常量有直接关联的阿伏加德罗常数N_A。

玻尔兹曼常量对热学的发展无比重要，热力学单位开尔文就是用玻尔兹曼常数定义的；理想气体常数R等于玻尔兹曼常量k与阿伏加德罗常数N_A的乘积；单个分子的平均平动动能与热力学温度的关系为$\overline{E}=\frac{3}{2}kT$，即知道温度$T$就可以求出一定质量气体所含的总动能数值；系统熵值$S$与系统分子状态数$\Omega$的关系也与$k$有关：$S=k\ln\Omega$。这也是玻尔兹曼在热力学第二定律的克劳修斯表述和麦克斯韦气体分子速度分布律的基础上提出了熵与状态数之间的定量关系。

有人说如果人类灭亡了，有三个公式可以代表人类文明曾经辉煌过，一是“1+1=2”表示人类会使用数学，二是质能方程“$E=mc^2$”表示人类认识了物质，三是熵增定律“$S=k\ln\Omega$”表示人类了解生命进程。其中第三个公式的哲学意义最为深邃，熵增定律表示在一个孤立系统中，其混乱程度会不断增大。熵所表述的是系统秩序的混乱程度，秩序越混乱则熵值越大，秩序越混乱则表达系统秩序状态的数量就越多。表达系统秩序状态对维度和标准没有任何规定，但凡不完全相同的状态就是一个新的秩序状态。一杯冰水混合物，冰内部微观秩序相对有序，水内部的水分子在位置秩序和运动速度等方面就相对混乱，当冰块在水中全部融化后就比之前的系统秩序要混乱一些，其熵值会增大。熵增定律表明孤立系统总是趋向于熵的增大，最终达到系统最混乱无序的状态。自然界中所有的系统都会有使系统变得更加混乱无序的趋势，即使是宇宙，其有序度会不断降低而趋于越来越混乱状态。把宇宙当成一个孤立系统，它的能量不断在不同温度的空间上扩散，使得能量相对集中的区域的能量不断衰减，当能量在宇宙空间处处分布均衡，即温度处处相等的时候，宇宙就会处于冰冷黑暗的热寂状态。

熵增原理不仅适用于对热力学现象的描述，我们的自然、社会、生命也与其存在着关联。房间在没有清扫整理的情况下

会自发的越来越乱，即使是无人使用也会变成尘灰满天、鼠蚁横生、凋敝零落的无序混乱。没有进行整理、归类和杀毒的电脑会越用越卡顿，生活没有自律和运动的人会越来越胖、越来越懒，没有内部优化和外部整合的企业和政府会越来越臃肿……这些现象都与熵增原理不谋而合。

生活中我们感觉到的事物有的会向着更有序的方向发展，比如社会秩序变得越来越好，这并没有违反熵增原理，而是我们所看到在向着更有序方向发展的事物所处空间不是孤立的，比如生命体系和社会体系，它们时刻在与外部环境发生着能量和物质交换。

7 普朗克常量

$h=6.62607015\times10^{-34}\ \mathrm{J\cdot s}$

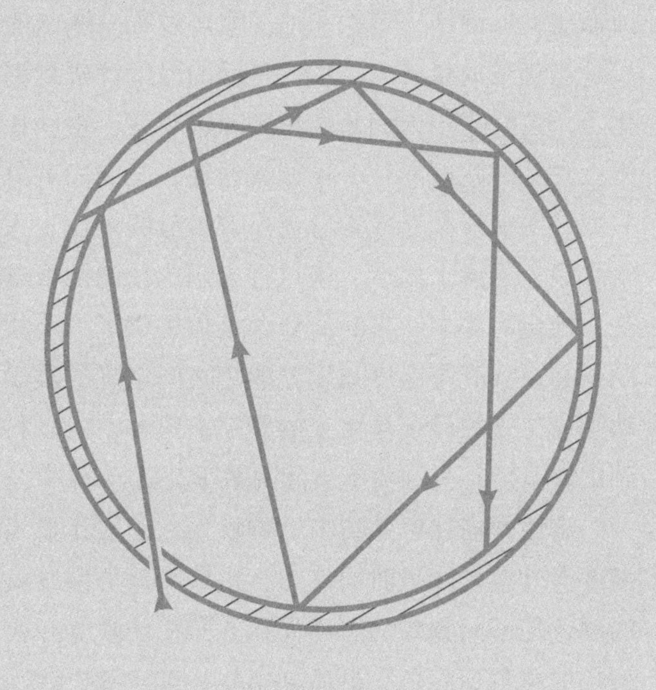

一个新的科学真理取得胜利，不是通过让它的反对者信服，而是通过这些反对者的最终死去，而熟悉它的新一代成长起来。

——普朗克

7.1 颜色与能量

我们在火堆旁边会感到热，是燃烧着的高温物质在辐射能量，跟传导、对流一样，辐射可以进行热传递。一切高于绝对零度的物体都在向外辐射能量，生活常识让我们知道，温度越高，单位时间内辐射出的能量就越多。

19世纪中后期，西方国家已经进入到工业时代，主要工业国都在大炼钢铁，钢铁在加工生产过程中钢水的温度对产品的质量起着至关重要的作用。普通的温度计碰到钢水就直接被融化了，当时的工人们只能用眼睛去观察，钢铁在被加热的过程中，先是微微地发红，再变得通红，又变成黄色，假如温度再升高，钢铁就会变成青白色。有经验的钢铁工人能通过观察钢水的颜色估算出温度，但这种方法的精确性很难得以保证。于是，社会的需求给当时的科学家们提供了一个重要的使命和课题：必须搞清楚温度与发光颜色之间精确的数学关系。根据波动学说，光的颜色是由光的频率决定的，所以科学家们需要找到钢铁温度与光的频率之间的数学公式。

定性的描述已然清晰，钢铁颜色的变化显示了钢铁在不同温度向外散发能量时的状态，这种能量的散发就是辐射。不同的颜色是不同频率的可见光在人眼中的视觉效应，铁块呈现的颜色由单色到混色，最后到由红、橙、黄、绿、蓝、靛、紫合成的白色，说明温度越高，钢铁辐射出来不同频率的可见光种类越多，因为由红到紫各种可见光的频率越来越高，所以辐射出来的可见光频率的最大值也越高，辐射能量越大。

除了肉眼可感知的可见光能传递物体的辐射能量，不可见的红外线、紫外线等电磁波也均可传播辐射能量。太阳表面温度接近6000 K，其辐射出来的电磁波大部分位于绿色—黄色的电磁波谱段，所以太阳看上去是黄色的；恒星“参宿七”表面温度接近12 000 K，其辐射出来的电磁波大部分位于蓝色—紫外线的电磁波谱段，所以“参宿七”看上去是蓝色的，因此也被称为“超蓝巨星”；我们人体温度约是310 K，辐射出来的电磁波大部分位于红外线的电磁波谱段，红外热成像技术就是在此基础上研究出来的。

对钢铁温度与光的频率之间存在怎样的数学关系的探寻工作吸引了许多欧洲大陆科学家的注意，随着研究的不断深入，与“对钢铁不断加热会出现颜色变化”的类似问题越来越多，科学家们发现这些貌似不同的困惑其实都指向了对物体辐射能量分布规律的研究。物体辐射能量的多少与物体本身属性（密度、材料、状态等）有无关系，与物体温度存在什么样的数学关系，辐射出来的电磁波频率（波长）与什么有关……这些问题均需要一一解决，而这显然不是一件容易的事情。

7.2 黑体辐射

辐射，是一个人们既熟悉又陌生的物理学名词，热辐射、太阳辐射、核辐射、电磁辐射、中子辐射……这些不同的辐射其实都是在向外辐射能量，只是辐射源不同。任何温度高于绝对零度的物体都会不断地向外辐射不同频率的电磁波。一

般情况下，一个不透明的物体把从外界接收到的能量通过两种方式释放出去，即辐射和反射。如果用吸收性好而反射性弱的材料制作一个空腔，在空腔壁上开一个小孔，从小孔射入空腔的电磁波以多次反弹，很难再从小孔中逃出。从小孔往黑体内部看，因为没有电磁波（包括可见光）射出，视觉效果就是绝对黑色的，我们把这种球体定义为“黑体”。

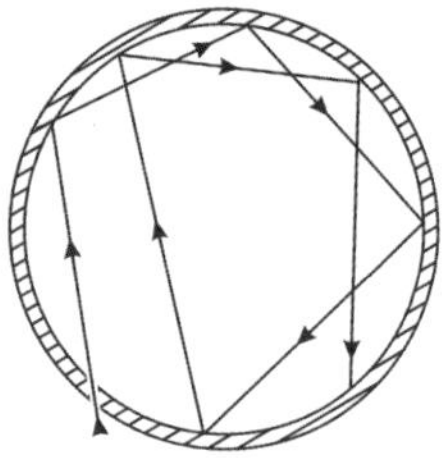

从黑体上的小孔往里看是绝对黑色的，但是从外围看黑体空腔时，其颜色并不是黑色的。科学家们发现，随着温度的升高，黑体体身呈现由红—橙红—黄—黄白—白—蓝白的渐变过程。

图7-1　黑体模型示意图

物理学家斯特藩和玻尔兹曼分别独立提出：黑体表面单位面积在单位时间内辐射出的总能量与黑体本身的热力学温度T的四次方成正比。根据基尔霍夫热辐射定律，若“黑体”模型处于热平衡条件下，并隔断传导通道、清除对流介质，那么它吸收的外来能量与本身辐射释放能量相等，某一确定频率的单色光向“黑体”输送电磁波的能量即等于“黑体”向外辐射的能量，如此一来，就可以用这一种光的电磁波能量来表征“黑体”辐射释放的能量大小了。

1890年，维恩从经典热力学的理论和观点出发，假设“黑体”辐射出来的“物质”是服从“麦克斯韦速率分布定律”的分子，利用实验结果并通过精巧的“拼凑”，在1894年提出了黑体辐射能量分布的数学公式，公式表明黑体辐射的温度与光谱的波长成反比，可依光谱的波长计算出黑体的温度。

以帕邢为代表的科学家们对各种材料的辐射进行了比对

实验，发现固体物质发生的热辐射与维恩公式对应得很好，维恩博士因对黑体辐射的开创性研究而获得1911年诺贝尔物理学奖。

然而，维恩的思路是从物质分子的“粒子性”出发的，而物质辐射出来的是电磁波，当时粒子性与波动性仍未统一，所以有的科学家认为维恩的研究有南辕北辙、首尾矛盾之嫌，经典物理学家甚至对此十分不服，认为维恩的成功只是投机取巧。

果然，当把黑体温度调整到1 000 K以上时，在短波范围内的辐射能量分布与维恩公式吻合得很好，但有些实验却显示“能量密度在长波范围内与绝对温度成正比”，这与维恩公式“当波长趋于无穷大时能量分布是一个常量，与温度无关”的结论相矛盾。

瑞利利用经典的麦克斯韦电磁波理论，与同伴金斯一起，得到另一个反映黑体辐射的规律公式，公式表明某温度下黑体辐射的能量密度与波长的平方成反比。

瑞利–金斯公式弥补了维恩公式中的缺陷，在黑体辐射高温长波范围内所得结果与实验吻合得很好。但是，瑞利–金斯公式顾了东却丢了西，如果按照公式所指向的规律，当频率v增大时，辐射强度将无限制地呈指数式暴增，甚至会直达无限大，这样的宇宙将会非常恐怖地到处遍布着高频的伽马辐射，一切生物都无法承受。由瑞利–金斯公式推出的在短波（高频电磁波）范围内的荒唐结果，被奥地利物理学家埃仑费斯特称为“紫外灾难”。

现在我们遇到了一个相当微妙而尴尬的处境，维恩公式

和瑞利-金斯公式就像两套衣服，一套上衣十分得体，但裤腿太长；另一套的裤子倒是合适，但上衣却小得无法穿上身。如果我们从微粒说的角度去推导，得到适用于短波的维恩公式；如果从麦克斯韦电磁波理论去推导，得到的是适用于长波的瑞利-金斯公式。

一直无法用一个规律把黑体辐射中的长波和短波问题统一起来，这让19世纪末的物理学家们头痛不已。

7.3　普朗克的量子化假设

1900年，42岁的德国物理学家普朗克接替柏林大学因基尔霍夫去世空缺出来的教授职位已经8年了，他在前人研究基础上对热力学进行延伸和拓展的同时也在研究黑体辐射问题。

图7-2　普朗克

普朗克决定先试图拼凑一个符合整个频段的普适公式出来。他凭借其出色的数学功底，为了使拼凑出来的公式达到令黑体内部粒子振动的不同能量等于某个最小能量的倍数（nE_0），即假设粒子振动的能量是一份一份的，黑体辐射能量是黑体内部分子能量降低时“抖落”出来的，也是一份一份的，也等于某个最小能量的倍数。他把这个最小的能量E_0化为一个粒子振动的频率与一个非常小且数值暂时未知的某个常量的乘积。

普朗克经过几天的尝试，拼凑出公式，当取长波范围时它表现为瑞利-金斯公式的形式，当取短波范围时它可演变为维恩公式的原始形式。

1900年10月19日，普朗克在柏林德国物理学会的会议上把这个新鲜出炉的公式公之于众，但受到台下的学者们的指责，这让普朗克特别沮丧。台下的实验物理学家鲁本斯默默地记下普朗克提出的公式，并在当天晚上就根据普朗克的公式与自己掌握的实验测量数据进行了细致的核对，最后他发现普朗克公式指向的黑体辐射规律在每一个波段里都十分准确地与实验值符合。

第二天一早，当鲁本斯将验证结果告诉普朗克时，普朗克感到惊喜而又意外，但他马上发现自己处于一个相当尴尬的位置：知其然，而不知其所以然。新公式为什么管用？它建立在什么样的基础上？它到底说明了什么？这些问题没有一个人可以回答，连普朗克自己也不知道。

普朗克为了“拼凑”出全频段电磁波均适用的黑体辐射公式时，硬生生地假设了黑体内部粒子振动能量等于某个最小能量的整数倍。他的假设，可以说打破了以伽利略、牛顿为首的经典物理学家们坚守的“一切都是连续的，一切都是可以被不断细分的”这一信念。这让他的内心感到不安。但随着越来越多的实验结果支持他的假设，经过一番准备，普朗克终于以最大的决心和勇气，于1900年12月14日在德国物理学会上发表了他的大胆假设。他面向与会者，也面向世界宣读了他的论文《论正常光谱中的能量分布定律》。论文核心是：“为了找出N个振子具有总能量U_n的可能性，我们必须假设U_n是不可连续分割的，它只能是一些相同单位的有限总和……”

这个基本单位，普朗克把它称作“能量子”，能量子就是能量的最小单位，一切能量的传输都只能以这个量为基本单位

来进行，可以传输一个量子、两个量子、任意整数个量子，但却不能传输0.5个量子，因为0.5个量子是不存在的。

那么，这个最小单位究竟是多少呢？

普朗克从他的新公式逆向推导，要符合实验规律，最小能量单位必须等于一个常数乘以特定辐射电磁波的频率。用一个简明的公式来表示就是

$$E=h\nu$$

其中，E是单位量子的能量，ν是频率，h就是神秘的量子常数，以它的发现者命名，称为“普朗克常量”。

7.4　光电效应的证实

1887年，赫兹在德国卡尔斯鲁厄大学的一间实验室里通过实验证实了电磁波的存在。有的科学家关注到了这个实验的一个附带现象：“当有光照射到接收器的缺口时，接收器上的电火花便会出现得更容易一些。”有科学家为此做了专项实验，结果表明，当光照射到金属表面时，金属表面的电子会从中逃逸出来，使原来显电中性的金属板带正电。这种光与电之间饶有趣味的互动现象，称为“光电效应”。

之后，关于光电效应的一系列实验在各个实验室被一一验证，人们发现了两个事实：第一，能否从金属表面打出电子与入射光频率大小有关；第二，能打多少电子出来与光的强度有关。

这是为什么呢？科学家们陷入了巨大的困惑，因为根据麦克斯韦理论，如果用一束光照射金属表面不能将电子“抠出”，可以增加光的照射强度或者延长光的照射时间，让金属表面的电子不断地接收光的照射能量，当能量蓄积到一定的程

度，电子就可以挣脱金属表面的束缚了，而这必须花一定的时间来完成，即光的照射和电子飞出之间会有一个时间差。然而实验结果却不是这样的，即便光的强度再大、照射时间再长，只要光的频率不够，就不能让电子从金属表面飞出来；而频率足够大的光一照射金属表面，立即就有电子飞出，中间没有时间差。

1905年，有深厚数学和物理功底的爱因斯坦阅读了已被权威物理学家和普朗克本人扔到角落的论文，其中的能量量子化思想深深地打动了他。凭着一股深刻的直觉，他感到量子化的假设似乎能打通光电效应问题的一切关卡。爱因斯坦突然灵光一闪：提高频率，根据$E=h\nu$，正好提高单个“量子”的能量，更高能量的量子，就足以提供电子从金属表面飞出来所需要的能量。而增大光的强度，就相当于增多了“量子”的数量，从而打出更多数量的电子！突然之间，一切都显得顺理成章起来。

爱因斯坦推导出的方程是

$$\frac{1}{2}mv_c^2=h\nu-W_0$$

$h\nu$是单个能量子的能量，W_0是激发电子出来所需要的最小能量，$\frac{1}{2}mv_c^2$是电子从金属中逃逸出来时的动能。由此可见，光是以能量子的形式传递能量的，没有连续性，不能累积；一个能量子只能激发出一个对应的电子；能量子与金属中电子的作用是瞬时完成的。

到此时，开尔文勋爵所提到的黑体辐射这朵“乌云”似乎被阵阵微风吹得飘散了些：普朗克提出的光的能量子假设可以解释黑体辐射研究中的问题；爱因斯坦利用光的能量子假设能解释光电效应中遇到的问题。

7.5 普朗克常量的测量

普朗克在《论正常光谱中的能量分布定律》中引用了玻尔兹曼的理论，引入量子论，他循着玻尔兹曼的思路推导黑体辐射公式，并借用比较复杂的数学转换，第一次计算出了公式中普朗克常量的数值$h=6.55\times10^{-34}$ J·s。

在爱因斯坦发表了关于光电效应的解释之后，密立根对爱因斯坦的理论表示怀疑，所以他决定设计一个实验来验证。下面我们用如图7-3所示的电路来说明密立根测量普朗克常量的过程。密封在真空玻璃管中的阴极K和阳极A，受到光照时K能够发射出电子。K与A之间电压大小可以调节，电源的正负极也可以对调。K发出的电子被A吸收形成电流。

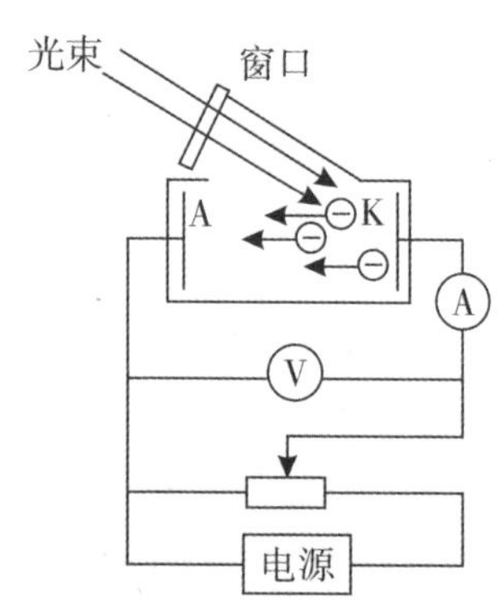

图7-3　研究光电效应电路图（测量普朗克常量）

密立根在实验中发现，当所加电压为零时，电流并不为零，因为从阴极K射出的电子总会有一些到达阳极A形成电流。若将阴极K接电源正极、阳极A接电源负极，电子在光电管两极间会减速，当所有电子都不可到达另一极时，电流为零。这种状态下的A、K两极间电压称为遏止电压。遏止电压的存在意味着电子具有一定的初速度，且初速度的上限应该满足以下关系：

$$\frac{1}{2}mv_c^2=eU_c$$

实验还发现对于一定频率的光，无论光的强度如何，遏止电压都是一样的。

密立根假设爱因斯坦的光电效应方程是正确的，将爱因斯坦的光电效应方程变换成如下形式：

$$U_c = \frac{h}{e}\nu - \frac{W_0}{e}$$

显然，U_c- ν 之间成一次函数关系，即线性关系，U_c- ν 图像是一条斜率为$\frac{h}{e}$的直线。

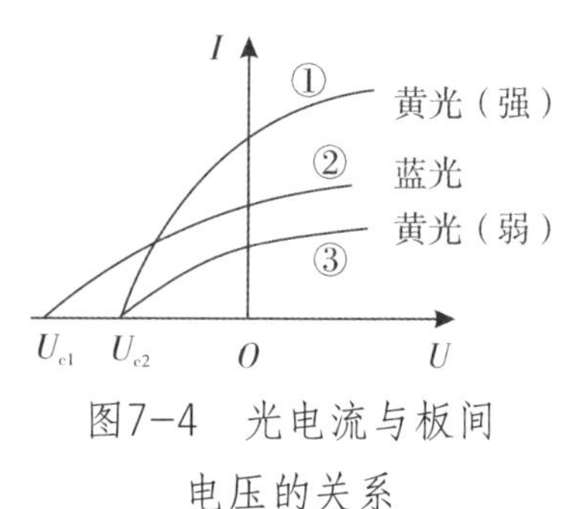

图7-4　光电流与板间电压的关系

密立根进行实验时得到的遏止电压和入射光频率的数据

U_c/V	0.541	0.637	0.714	0.809	0.878
ν / × 10^{14} Hz	5.644	5.888	6.098	6.303	6.501

利用上表中的数据画出图像，U_c- ν 直线的斜率可以从图中测量，进而可以求出h。

$$\frac{h}{e} = \frac{\Delta U_c}{\Delta \nu} = 3.93 \times 10^{-15}\ \mathrm{V \cdot s}$$

$$e = 1.60 \times 10^{-19}\ \mathrm{C}$$

$$h = 6.30 \times 10^{-34}\ \mathrm{J \cdot s}$$

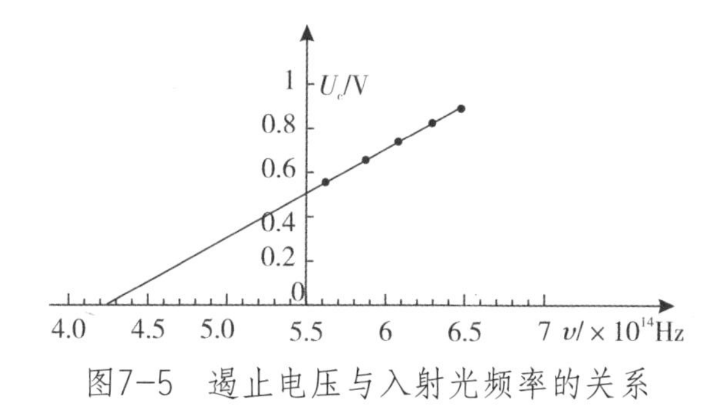

图7-5　遏止电压与入射光频率的关系

由此可见，两种方法得出的普朗克常量在0.5%的误差范围内是一致的。

密立根的实验，在成就他自己的同时也成就了普朗克和爱因斯坦。普朗克因为提出量子论获得1918年诺贝尔物理学奖，爱因斯坦因为用光量子假设成功解释了光电效应而获得1921年诺贝尔物理学奖，密立根因为“关于基本电荷以及光电效应的工作”获得1923年诺贝尔物理学奖。

1900年12月14日，普朗克提出了量子化假设的那一天被人们看作是量子论诞生日。这场19世纪末的量子风暴引发的“量子革命”迅速燎原，“空间无限分割”受到越来越多的人质疑，“空间不连续”才是我们面对的真实世界。

7.6 普朗克常量精密测量

所谓的基本物理常量，是物理学普适常数，它们在宇宙中任何地方和任何时刻都相同，这些常数的准确数值与测量地点、测量时间、测量方法、测量仪器等无关。2019年5月20日，国际科技数据委员会将普朗克常量的平差结果h=6.626070150（69）×10^{-34} J·s定义为普朗克常量的精确值。

普朗克常量是在20世纪初普朗克在解释黑体辐射现象时引入的一个数值，是确立“量子化”概念的重要支撑，作为量子理论的显著标志，它与所有的量子实验和量子效应均密切相关，如宇宙大爆炸，甚至与组成宇宙的物质起源也有紧密联系。

历史上测量普朗克常量的方法很多，有些是间接测量，如黑体辐射谱测量法、外光电效应实验法、X射线法、康普顿散射法、约瑟夫森效应测量法、量子霍尔效应测量法，等等。现在测量结果的相对不确定度的平差结果最高已至极小的10^{-9}水平。

8

玻尔半径

$a_0=5.29\times10^{-11}$ m

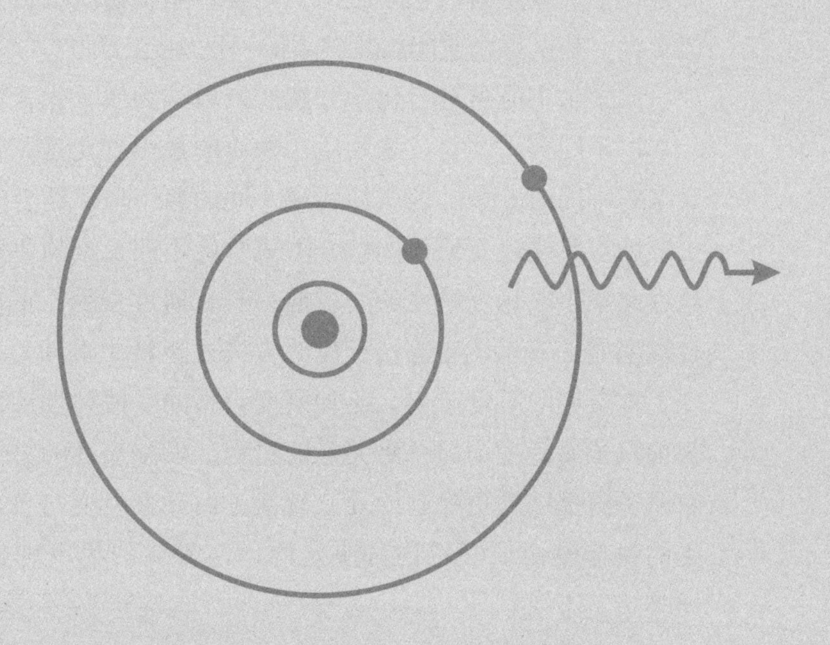

我们称之为真实的事物并非由真实之物构成，你的理论很疯狂，这是个不争的事实，但令我们意见不一的关键是它是否疯狂到有正确的可能。

——玻尔

8.1 元素

原子是物质结构的一个重要层次，是化学结构的基础，千百年来炼金术士殚精竭虑地妄图点石成金的努力均归于失败，究其原因是对元素知识的无知。“石”与“金”的过渡在古人看来是“看着好像”变了，只是以颜色、硬度、形态等简单特征进行判断。

法国化学家拉瓦锡以定量的实验发现了氧气这种物质，从而打开了一直尘封的化学之门。元素，是将物质进行分类的一把量尺，是认识物质间转化关系的一把钥匙。

元素是不能再进行化学分解的最单纯物质，化合物是各种元素以不同方式结合成的物质。物质的最小基元是原子，不同元素有不同的原子。若干同类或不同的原子可以结合成分子，化学反应只是改变原子的结合方式，但不同元素的原子是不能通过化学手段相互嬗变的。目前，只有通过衰变、重核裂变、轻核聚变、人工转变等核反应的方式才能将元素种类改变，而发生核反应的难度极大。比如衰变，指的是放射性元素放射出某种粒子而转变为另一种元素的过程，发生衰变的总体方向是向原子内部结构更稳固的元素转换，而元素衰变与否及衰变发生的快慢是由原子核内部决定的，与外界的物理和化学状态无关。

8.2 发现电子

19世纪中叶，科学家发现，将玻璃管中的空气抽到相当稀薄，在玻璃管两端的电极加上两千伏特的电压，玻璃管的内壁上会闪烁着绿色荧光。绿光是什么？从哪儿来？这些问题在当时都还是一个谜。这种奇怪的现象引起大家极大的兴趣，人们将这个从阴极射出来的又看不见的东西称“阴极射线”。

有的科学家以“阴极射线可以穿透薄金属箔”认定它是一种电磁波；有的科学家以“阴极射线在电场或磁场中可以发生偏转”认定它是一种带电的粒子流。

对于阴极射线是否带电，英国物理学家汤姆孙和德国物理学家赫兹做了同样的实验：让阴极射线通过固定在放电管内的两个平行板间的电场。他们观察到相同的结果：没有产生任何持续的偏转。

对于同样的实验结果，赫兹得出结论：阴极射线是不带电的。汤姆孙则进行了更加深入的分析和思考，认为是因为实验条件还过于粗糙，观察不到本可表现出的实验现象。汤姆孙认为偏转之所以没有出现，可能是气压太高，若能获得更接近真空的环境，也许就可以看到偏转现象。

英、德两国的科学家们对于阴极射线本质的争论，竟延续了二十多年，大家谁也不服谁，谁也说服不了谁。

直到1897年，汤姆孙再次进行了实验。他将涂有硫化锌的玻璃片放在阴极射线所经过的路径上，硫化锌在阴极射线经过时可以发出闪光，所以可以通过硫化锌的“闪光”来显现阴极射线的“径迹”。在阴极射线管的外面加上电场或磁场，竟然

看到阴极射线发生了偏折！根据其偏折的方向，容易判断“阴极射线”是带负电的。汤姆孙当即提出自己的看法：阴极射线是带负电的物质粒子。

那么阴极射线这种粒子是从哪里来的呢？19世纪末，原子和分子是人们认知中的最小微粒，当时人们还不知道有比原子、分子更小的粒子，所以有的科学家认为阴极射线是一种特殊的还未曾发现的原子或分子，有的科学家认为阴极射线是处在更精细的平衡状态中的物质。

在弄清楚阴极射线从哪里来之前，我们得想办法搞清楚阴极射线本身是什么物质。若它像汤姆孙认为的一样是一种粒子，那它的质量和电荷量是多少呢？

我们知道，单独的电场能使带电体因为受到电场力而发生偏转，单独的磁场能使运动的带电体受到洛仑兹力也发生偏转，若以上两种偏转效果互相抵消，带电体则做直线运动。

如下图所示为一种测定阴极射线比荷的实验装置。

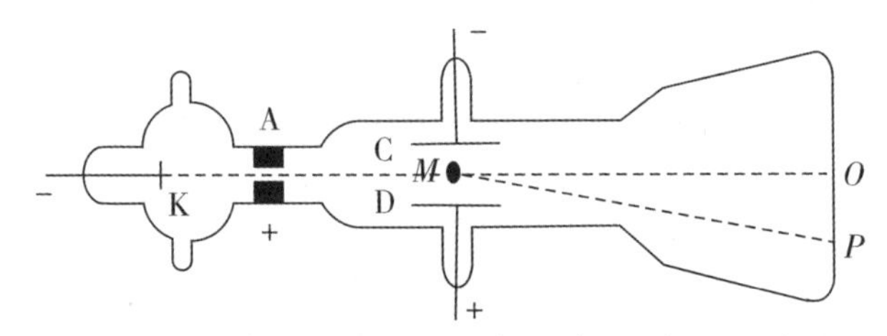

图8-1　测定阴极射线比荷的实验装置示意图

真空玻璃管内，阴极K发出的粒子经过阳极A与阴极K之间的高压加速后，形成一细束粒子流，以平行于极板的速度进入两极板C、D间区域。

首先是用双场模型确定粒子运动速度。

若两极板C、D间无电压，粒子将打在荧光屏上的O点，若在两极板间施加电压U，则离开极板区域的粒子将打在荧光屏上的P点；若再在极板间施加一个方向垂直于纸面向外、磁感应强度为B的匀强磁场，则粒子在荧光屏上产生的光点又可以回到O点。由受力分析可得：

$$\frac{U}{d}q = qv_0B$$

$$解得\ v_0 = \frac{U}{Bd}$$

速度确定后，单靠电场偏转可以测出粒子的电荷量与质量的比值，当然用磁偏转也可以的。

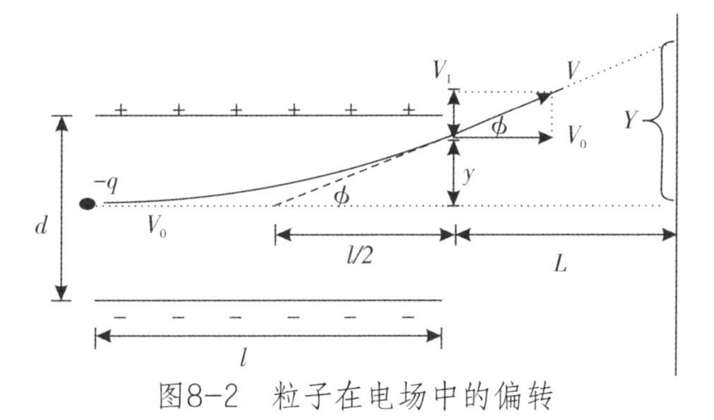

图8-2 粒子在电场中的偏转

只加电场时，粒子在CD板间做类平抛运动，射出CD板后做匀速直线运动，直达荧光屏。由运动学知识可得：

$$l = v_0t \qquad y = \frac{1}{2}at^2$$

$$Eq = ma \qquad v_1 = at$$

$$L = v_0t' \qquad Y - y = v_1t'$$

联立可知“阴极射线”的比荷值为：

$$\frac{q}{m} = 1.61 \times 10^{11}\ \mathrm{C/kg}$$

汤姆孙在实验中发现阴极射线的比荷值与管内的气体种类和气体性质无关，他还发现用不同材料做阴极，都可以发射出相同比荷值的粒子。

这些实验现象说明，既然不同的物质都能发射出同一种粒子，那么这种粒子就是所有物质的共有成分！

随后，包括汤姆孙在内的科学家们利用各种途径和实验对阴极射线进行了研究，在此期间有科学家将构成阴极射线的带电粒子命名为“电子”。

1917年，密立根用油滴实验精确地测出了电子的电荷量，直接证实了阴极射线是由电子组成的，也证实了电子这一基本粒子的存在，这标志着科学进入了一个新时代。

汤姆孙也因对气体放电的研究并发现电子获得1906年诺贝尔物理学奖，人们将他誉为“最先打开通向基本粒子物理学大门的人”。

8.3　原子的内部结构

电子被发现之后，科学家们自然就想到，一般情况下物质是不带电，或者说呈“电中性”，是因为其中包含的正电荷数目和负电荷数目相等。现在我们发现了一个可单体存在的实体粒子——带负电的电子，那么就应该存在另外一种带正电的单体粒子了，它又在哪儿呢？带负电的电子和其他带正电的成分是如何构成原子的呢？

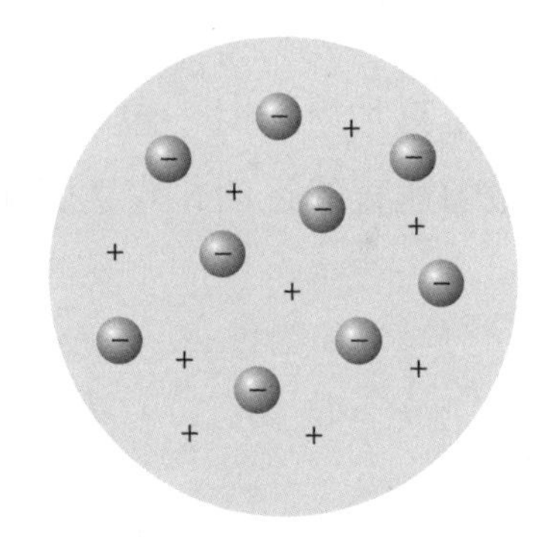

图8-3　汤姆孙“枣糕模型”

在已知电子质量远小于整个原子质量的基础上，汤姆孙于1898年提出了他心中的原子模型，他认为原子就像一个西瓜，其中的正电荷像西瓜瓤一样均匀分布在原子中，一定数量的电子像西瓜籽一样均匀镶嵌其中，这样的模型可以解释原子呈电中性且正电荷的质量远大于负电荷的事实，被称为“西瓜模型”或“枣糕模型”。

汤姆孙的学生卢瑟福想通过实验来验证这一模型。想要探究原子的内部世界，必须寻找一种能射到原子内部的试探粒子，卢瑟福和他的助手通过多方比较，选用了从天然放射性物质中放射出的α粒子（氦核$^{4}_{2}He$）进行实验。

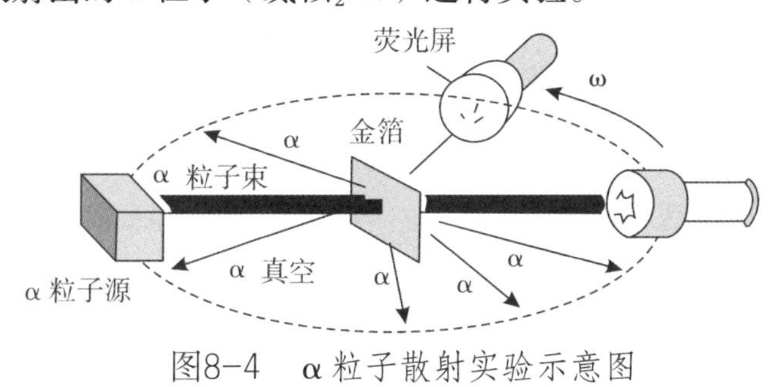

图8-4 α粒子散射实验示意图

在一个铅盒里放有少量的放射性元素钋（Po），它发出的α粒子从铅盒的小孔射出，形成一束很细的射线射到金箔上。当α粒子和金箔相互作用后，射到荧光屏上会产生一个个的闪光点，这些闪光点可用显微镜来观察。为了避免α粒子和空气中的原子碰撞而影响实验结果，整个装置放在一个抽成真空的容器内，带有荧光屏的显微镜能够在一个圆周上围绕金箔移动。

实验发现绝大多数的α粒子都是照直穿过金箔，几乎是

沿直线运动的。但有约$\frac{1}{8000}$的α粒子偏转角大于90°，甚至观察到极个别α粒子的偏转角达到150°，这与汤姆孙提出的“西瓜模型”应该存在的现象无法完全吻合。

如果像“西瓜模型”那样，正电荷均匀分布在原子内部，那么在α粒子穿过原子内部的路径上，来自各个方向的正电荷的排斥力，会因对称而大致抵消，所有α粒子的偏转角度都不会很大。而α粒子的质量约是电子质量的7400倍，α粒子即便是碰到了电子，也如同飞行的子弹碰到一粒尘埃，运动方向根本不会发生明显的改变，所以有些α粒子发生大角度偏转的现象是出人意料的。

经过仔细分析，卢瑟福认为原子内大部分区域都是空旷的，所以大多数α粒子可以在其中自由穿行。原子的几乎全部质量和正电荷都集中在原子中心的一个很小的区域，只有当α粒子行进到与这一中心非常靠近时，带正电的氦核和带正电的“原子中心”间产生特别大的库仑排斥力，甚至直接发生碰撞，方可使α粒子发生大角度的偏转。

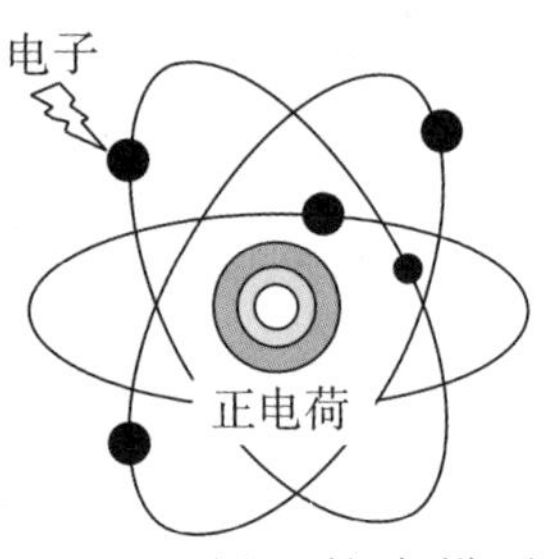

图8-5　原子核式模型

就这样，卢瑟福α粒子散射实验的结果最终却成了否定汤姆孙原子模型的有力证据。

8.4　氢原子光谱

按照卢瑟福的原子模型，带负电的电子绕着带正电的原子核转动，电子的圆周运动会产生变化的电场，进而产生磁场最终形成电磁波，电磁波的能量会辐射出去，如此一来，原子的能量会逐渐减少，最终电子会落到原子核上而湮灭。用经典电磁理论分析得到的这种结论显然与事实不符，事实上，原子的核外电子绕着原子核的运动模式是稳定的。另外，这种模型下，电子在运动过程中向外辐射的能量应是连续变化的，画出的光谱应该是带状连续谱，而事实是如何呢？

1666年，牛顿发现太阳光通过玻璃棱镜，可以分解成从红光到紫光的各种颜色的光谱，由此发现太阳光是由各种颜色的光组成的。随后人们通过不断的尝试与研究，到19世纪末已可以用光谱来识别物质的种类。对于原子内部结构，人们也自然想到用光谱加以验证。

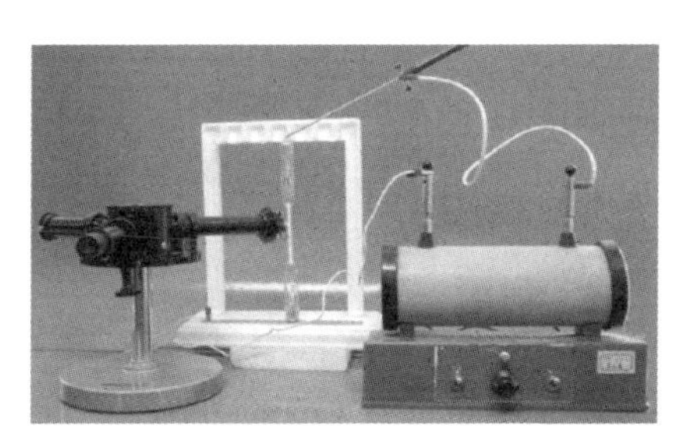

图8-6　测量原子光谱实验装置

在充有稀薄氢气的放电管两极加上3 000 V的高压，使氢气放电，氢原子在电场的激发下发光，通过分光镜可观察到如下图所示的氢原子光谱，由图可以看到氢原子的光谱是分立的线状谱，而不是连续的。这说明氢原子只能向外释放某些特定数值的电磁波（能量）。

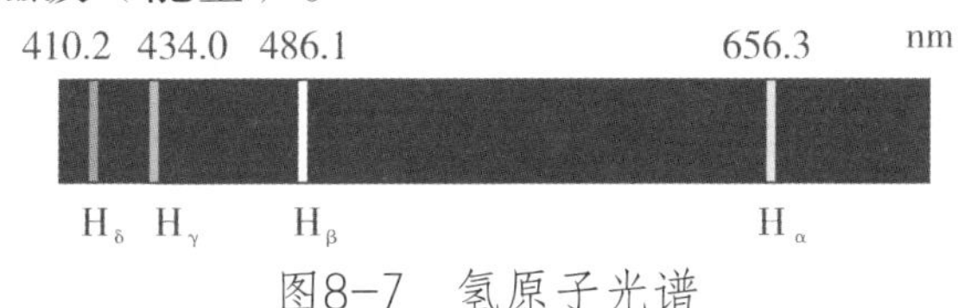

图8-7　氢原子光谱

面对氢原子光谱不可争辩的事实，经典物理学已经无能为力了，如何解释这一现象，确实让人大伤脑筋。

丹麦物理学家玻尔坚信卢瑟福的有核原子模型是符合客观事实的，同时也很了解卢瑟福的理论所面临的困难。1912年他曾在卢瑟福的实验室工作过四个月，参加了α粒子散射的实验工作，帮助卢瑟福团队整理数据和撰写论文。

图8-8　玻尔

正当玻尔在为解决原子的稳定性问题而日夜苦思之际，他的朋友汉森向他介绍了氢光谱的巴耳末公式和斯塔克价电子跃迁产生辐射的理论，玻尔一下子对原子内部情况豁然开朗了。

巴耳末是瑞士数学家、物理学家，他在巴塞尔大学兼职授课时，受到该校物理教授哈根拜希的鼓励，试图寻找氢光谱的规律。氢原子发射的光谱线在可见光部分有4种不同波长的光，分别是410 nm、434 nm、486 nm和656 nm。巴耳末想找到一个可以得出以上四个数据的统一公式。巴耳末从寻找可见光部分4条谱线波长的公共因子和比例系数入手，利用几何方法为这些谱线的波长确定了一个公共因子。依靠经验，巴尔末得到以下公式

$$\lambda = B\frac{n^2}{n^2-2^2}(n=3,\ 4,\ 5,\ \cdots)$$

其中$B=3.6546\times10^{-7}$ m是一个为了满足公式与数据吻合而带入的数值。

由此公式计算出的波长与实际测量值的相对误差不超过四万分之一。随后巴耳末又继续推算出当时已发现的氢原子全部14条谱线的波长，结果也都和实验值完全吻合。

巴耳末公式是一个经验公式。它对原子光谱理论和量子物

理的发展有重大影响，为后来把光谱分成线系，找出红外和紫外区域的氢光谱线系（如莱曼系、帕邢系、布喇开系等）搭建了标准框架，对玻尔建立氢原子理论起了重要的作用。

1896年，荷兰物理学家塞曼发现氢原子在磁场作用下会导致光谱的谱线增多，也就是说在磁场作用下，氢原子会产生出更多不同波长的光。既然在磁场中原子发出的光谱线会更多，在电场中会不会有类似现象？德国物理学家斯塔克将稀薄氢气管两极之间电场强度加到$E=2\times10^4$ V/m后，果然观察到了氢原子光谱线有所增多。

斯塔克效应与塞曼效应同为原子谱线的分裂效应，具有高度的相似性。塞曼效应和斯塔克效应为氢原子的能量发生变化的机理提供一种外围证实，可以解释为什么原子中核外电子绕原子核能够稳定运行，原子似乎有一种从外界吸收能量的能力，也有一种向外界释放能量的能力。

在此启发之下，玻尔创造性地把普朗克的量子说和卢瑟福的原子核式模型结合起来。玻尔认为：电子绕原子核运动的轨道半径是分立的，电子只能在某些特定的轨道上运动。也就是说，电子绕原子核运动的位置是有其内在“规定”的，不能连续变化，只能以类似于“跳跃”的方式进行突变。

当电子在不同的轨道上运动时，原子处于不同的能量状态，这些能量状态被称为原子的能级，原子从一个能级变化到另一个能级的过程叫作跃迁。处于高能级的原子会自发地向低能级跃迁，并且在这个过程中辐射光子；反之，原子吸收了特定频率的光子，或者通过其他途径（如受到高速电子的轰击）获得能量时，便可以从低能级向高能级跃迁。

如右图所示是氢原子的能级示意图，每条横线代表一个能级，两条横线间的距离表示能级的间隔，即能量差。在正常状态下，氢原子处于最低的能级E_1（n=1），这个能级对应的状态称为基态。

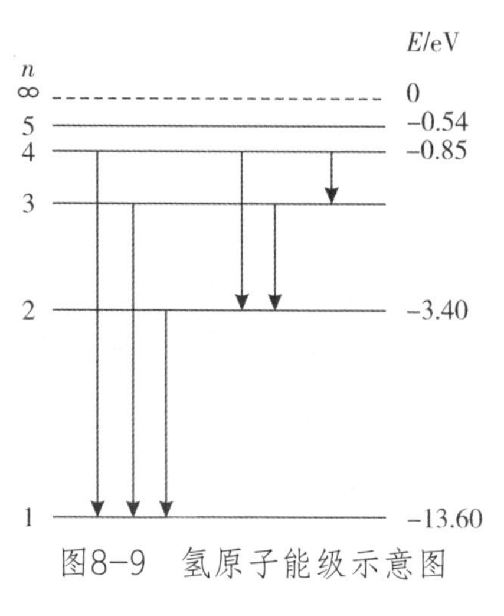

图8–9　氢原子能级示意图

由氢原子电离能数值1312.0 kJ/mol可得氢原子在基态时的能量为–13.6 eV。

当电子受到外界激发时，可从基态跃迁到较高的能级E_2，E_3……上，这些能级对应的状态称为激发态。氢原子在各激发态时所具有的能量 $E_n=\frac{E_1}{n^2}=\frac{-13.6\ \mathrm{eV}}{n^2}$。处于激发态的氢原子是不稳定的，它会向较低的能级跃迁，跃迁时释放出来的能量以光子形式向外辐射，这就是氢原子发光现象，原子辐射出的光子能量等于两能级的能量差，即

$$h\nu=E_m-E_n\ (m>n)$$

其中h为普朗克常量，ν表示光的频率，由此可见，激发态的氢原子向基态跃迁时，能够发出的光子频率只能取到某些分立的特定值，或者说是量子化的，这也就解释了为什么氢原子的发射光谱是分立的线状谱。

光的频率ν与波长λ的乘积为光速c，即$\nu\cdot\lambda=c$。

8.5 玻尔半径的推导

通过元素周期表我们可以发现，元素质量数越大，原子内部结构就越复杂，显然原子尺寸也会有相应的不同。同时，根据玻尔的理论，最稳定，也是能量最低的轨道是离原子核最近的，确定了离原子核最近的圆周轨道半径，则可依据“分立”的量子化规律得到其他轨道的位置和半径。

以氢原子为例，核外电子绕原子核转动的动力学关系为

$$k\frac{e^2}{r^2}=m\frac{v^2}{r}$$

电子所具动能

$$E_{\mathrm{k}}=\frac{1}{2}mv^2=\frac{ke^2}{2r}$$

取无穷远处为零电势点，原子核周围的电势

$$\varphi=\frac{ke}{r}$$

电子所具的势能

$$E_{\mathrm{p}}=\varphi\cdot(-e)=-\frac{ke^2}{r}$$

氢原子的总能量

$$E=E_{\mathrm{k}}+E_{\mathrm{p}}=-\frac{ke^2}{2r}$$

取能量最低状态（即基态E_1）的轨道半径为a。

由E_1=−13.6 eV，k=9.0×10^9 N·m^2/C^2，e=1.6×10^{-19} C

得到　a_0=5.29×10^{-11} m

我们将a_0=5.29×10^{-11} m称为玻尔半径。

氢原子核外电子的轨道半径，只能是a_0、$4a_0$、$9a_0$这样的

玻尔半径从“1”开始的正整数平方的倍数，即轨道半径也是量子化的。

至此，玻尔理论第一次把光谱实验事实纳入一个理论体系中，在原子核式模型的基础上提出一种动态的原子结构模型，指出了经典物理学不能完全适用于微观粒子，提出了微观粒子运动特有的量子规律，开辟了当时原子物理学向前发展的新途径。玻尔的原子理论取得了巨大的成功，完美地解释了氢光谱的巴耳末公式，阐明了光子的发射和吸收愿望，使量子理论取得了重大进展。

玻尔之所以成功，在于他全面地继承了前人的工作，正确地加以综合，在旧的经典理论和新的实验事实出现矛盾时，勇敢地肯定实验事实，冲破旧理论的束缚，从而建立了能基本适于原子现象的定态跃迁原子模型。